# Python 数字图像处理实践

主　编　郝王丽　　沈媛媛
副主编　韩　猛　　吕　嘉
参　编　岳亚伟　　常　艳　　罗改芳
　　　　武雅琴　　公徐路

北京理工大学出版社
BEIJING INSTITUTE OF TECHNOLOGY PRESS

## 内 容 简 介

本书从实用的角度出发，介绍了利用 Python 实现数字图像处理的各种算法及综合实践案例，包括图像插值、图像空间域增强、图像频域增强、图像复原、图像形态学等算法的有关概念、开发方法，以及利用上述知识综合解决细胞计数、图像重建、图像编辑器、肝脏肿瘤分割、直方图综合应用等综合实践案例。本书部分章节配有案例数据样例或数据集、代码及习题，以指导读者进行深入地学习。

本书既可作为高等院校及职业院校人工智能及智能科学与技术课程的教材，也可作为人工智能开发人员的技术参考书。

**版权专有　侵权必究**

### 图书在版编目（CIP）数据

Python 数字图像处理实践／郝王丽，沈嫒嫒主编. --北京：北京理工大学出版社，2023.10
ISBN 978-7-5763-3088-5

Ⅰ. ①P… Ⅱ. ①郝… ②沈… Ⅲ. ①图像处理软件 Ⅳ. ①TP391.413

中国国家版本馆 CIP 数据核字（2023）第 204269 号

**责任编辑**：李　薇　　**文案编辑**：李　硕
**责任校对**：刘亚男　　**责任印制**：李志强

**出版发行** ／ 北京理工大学出版社有限责任公司
**社　　址** ／ 北京市丰台区四合庄路 6 号
**邮　　编** ／ 100070
**电　　话** ／（010）68914026（教材售后服务热线）
　　　　　　（010）68944437（课件资源服务热线）
**网　　址** ／ http://www.bitpress.com.cn
**版 印 次** ／ 2023 年 10 月第 1 版第 1 次印刷
**印　　刷** ／ 涿州市新华印刷有限公司
**开　　本** ／ 787 mm×1092 mm　1/16
**印　　张** ／ 15.5
**字　　数** ／ 364 千字
**定　　价** ／ 89.00 元

图书出现印装质量问题，请拨打售后服务热线，负责调换

# 前　言

随着计算能力的不断提升、大数据的迅猛发展以及深度学习的兴起，数字图像处理已经成为许多行业和领域中不可或缺的核心工具。作为人工智能的重要组成部分，数字图像处理课程已不仅仅是计算机、人工智能、智能科学与技术专业的必修课程，也逐渐成为高等教育中非计算机专业的重要课程之一。通过数字图像处理实践项目，读者能够将所学知识应用于真实世界的任务，并从中获得宝贵的经验和见解。

本书在写作模式上以应用实践为目的，系统详细地介绍了数字图像处理实践的相关知识，并提供了丰富的代码示例和实践项目等内容，以帮助读者深入了解数字图像处理算法的实际应用。本书分为基础篇和综合实践篇，共12章。基础篇包括Python实现图像插值方法、Python实现图像增强——点变换、Python实现图像增强——邻域变换、Python实现频域中的图像增强、Python实现图像复原、Python实现图像形态学上的操作。综合实践篇包括基于opencv细胞计数、高斯金字塔&拉普拉斯金字塔&图像重建、车牌识别、基于PyQt5与opencv的图像编辑器、基于深度学习的肝脏肿瘤分割、直方图综合应用。本书力求将知识传授、能力培养和素质教育有机结合，实现理论教学与实践教学的结合，同时在部分章节中加入了一些思政元素。本书因案例丰富，故可作为研究生、本科生及职业院校学生入门学习及综合训练的实践教材，根据学生层次，学时安排建议24~48学时均可。

本书以通俗易懂、简明扼要的叙述方式编写，这有助于教师的教学和学生的自学。为了让读者能够在较短的时间内掌握本书的内容，并及时检查学习效果，巩固和加深对所学知识的理解，大部分章节后面均附有习题，并提供相应习题的参考答案。

为了帮助教师使用本书进行教学工作，也便于学生自学，编者准备了教学辅导资源，包括各章的电子教案(PPT文档)、书中案例数据集、代码等，需要者可从北京理工大学出版社网站的下载区下载。

本书由郝王丽统稿，内容均由经验丰富的一线教师编写完成，其中第1~2章由吕嘉编写，第3~4章由韩猛编写，第5~6章由沈媛媛编写，其余章节由郝王丽编写。在本书的编写过程中，岳亚伟、常艳、罗改芳、武雅琴、公徐路、吕嘉等老师，郭倬彤、郭宇涵、王锐、王敬蓉、师晓萌、张之玥、李青青、邹占涛、曹圣钰、赵中鸿、郝一儒、原绍宸、李杰、高若铭等同学做了大量的工作，提供了宝贵的经验，在此一并表示感谢。另外还要感谢北京理工大学出版社编辑的悉心策划和指导。

本教材得到山西省基础研发(202203021212444)，山西省高等学校教学改革创新项目

（J20220274），山西省研究生教育教学改革项目（2022YJJG094），山西省教育科学"十四五"规划项目（课题编号：GH-21006）资助与支持。

  由于编者水平有限，书中难免存在疏漏和不足之处，恳请读者批评指正，以便于本书的修改和完善。如有问题，可以通过 E-mail:haowangli@sxau.edu.cn 与编者联系。

编　者

# 目 录

## 基础篇

**第1章 Python 实现图像插值方法 / 3**
1.1 最近邻插值算法 / 4
　1.1.1 案例基本信息 / 4
　1.1.2 案例设计方案 / 5
　1.1.3 案例数据及代码 / 5
1.2 双线性插值算法 / 7
　1.2.1 案例基本信息 / 7
　1.2.2 案例设计方案 / 7
　1.2.3 案例数据及代码 / 7
1.3 双三次插值算法 / 9
　1.3.1 案例基本信息 / 9
　1.3.2 案例设计方案 / 10
　1.3.3 案例数据及代码 / 10

**第2章 Python 实现图像增强——点变换 / 14**
2.1 反转变换(灰度图像及彩色图像) / 15
　2.1.1 案例基本信息 / 15
　2.1.2 案例设计方案 / 15
　2.1.3 案例数据及代码 / 15
2.2 对数变换,观察图像是否变亮或变暗 / 17
　2.2.1 案例基本信息 / 17
　2.2.2 案例设计方案 / 18
　2.2.3 案例数据及代码 / 18

2.3 幂次变换,观察图像是否变亮或变暗 / 19
　2.3.1 案例基本信息 / 19
　2.3.2 案例设计方案 / 20
　2.3.3 案例数据及代码 / 20
2.4 分段线性变换 / 22
　2.4.1 案例基本信息 / 22
　2.4.2 案例设计方案 / 23
　2.4.3 案例数据及代码 / 23
2.5 直方图 / 28
　2.5.1 案例基本信息 / 28
　2.5.2 案例设计方案 / 29
　2.5.3 案例数据及代码 / 29

**第3章 Python 实现图像增强——邻域变换 / 38**
3.1 均值滤波器 / 39
　3.1.1 案例基本信息 / 39
　3.1.2 案例设计方案 / 39
　3.1.3 案例数据及代码 / 40
3.2 加权均值滤波器 / 44
　3.2.1 案例基本信息 / 44
　3.2.2 案例设计方案 / 45
　3.2.3 案例数据及代码 / 45
3.3 最大值滤波器 / 46
　3.3.1 案例基本信息 / 46
　3.3.2 案例设计方案 / 47
　3.3.3 案例数据及代码 / 47
3.4 最小值滤波器 / 48
　3.4.1 案例基本信息 / 48
　3.4.2 案例设计方案 / 49

3.4.3　案例数据及代码 / 49
3.5　中值滤波器 / 51
　　　3.5.1　案例基本信息 / 51
　　　3.5.2　案例设计方案 / 51
　　　3.5.3　案例数据及代码 / 51
3.6　拉普拉斯滤波器 / 53
　　　3.6.1　案例基本信息 / 53
　　　3.6.2　案例设计方案 / 53
　　　3.6.3　案例数据及代码 / 53

第 4 章　Python 实现频域中的图像增强 / 64

4.1　图像的空间域到频域变换，以及频域到空间域的逆变换 / 65
　　　4.1.1　案例基本信息 / 65
　　　4.1.2　案例设计方案 / 66
　　　4.1.3　案例数据代码 / 66
4.2　低通滤波器 / 76
　　　4.2.1　案例基本信息 / 76
　　　4.2.2　案例设计方案 / 77
　　　4.2.3　案例数据及代码 / 77
4.3　高通滤波器 / 80
　　　4.3.1　案例基本信息 / 80
　　　4.3.2　案例设计方案 / 81
　　　4.3.3　案例数据及代码 / 81

第 5 章　Python 实现图像复原 / 86

5.1　实现各种均值滤波器复原图像 / 87
　　　5.1.1　案例基本信息 / 87
　　　5.1.2　案例设计方案 / 88
　　　5.1.3　案例数据及代码 / 88
5.2　各种统计排序滤波器复原图像 / 92
　　　5.2.1　案例基本信息 / 92
　　　5.2.2　案例设计方案 / 93
　　　5.2.3　案例数据及代码 / 93
5.3　实现自适应滤波器复原图像 / 97
　　　5.3.1　案例基本信息 / 97
　　　5.3.2　案例设计方案 / 98
　　　5.3.3　案例数据及代码 / 98
5.4　带阻滤波器 / 101

　　　5.4.1　案例基本信息 / 101
　　　5.4.2　案例设计方案 / 101
　　　5.4.3　案例数据及代码 / 101
5.5　带通滤波器 / 103
　　　5.5.1　案例基本信息 / 103
　　　5.5.2　案例设计方案 / 104
　　　5.5.3　案例数据及代码 / 104
5.6　陷波滤波器 / 107
　　　5.6.1　案例基本信息 / 107
　　　5.6.2　案例设计方案 / 107
　　　5.6.3　案例数据及代码 / 108

第 6 章　Python 实现图像形态学上的操作 / 113

6.1　膨胀操作 / 114
　　　6.1.1　案例基本信息 / 114
　　　6.1.2　案例设计方案 / 115
　　　6.1.3　案例数据及代码 / 115
6.2　腐蚀操作 / 116
　　　6.2.1　案例基本信息 / 116
　　　6.2.2　案例设计方案 / 117
　　　6.2.3　案例数据及代码 / 117
6.3　开操作 / 119
　　　6.3.1　案例基本信息 / 119
　　　6.3.2　案例设计方案 / 119
　　　6.3.3　案例数据及代码 / 119
6.4　闭操作 / 120
　　　6.4.1　案例基本信息 / 120
　　　6.4.2　案例设计方案 / 121
　　　6.4.3　案例数据及代码 / 121

综合实践篇

第 7 章　基于 opencv 细胞计数 / 127

7.1　案例基本信息 / 128
7.2　案例设计方案 / 128
7.3　案例数据及代码 / 129

第 8 章　高斯金字塔 & 拉普拉斯金字塔 & 图像重建 / 131

8.1　案例基本信息 / 132
8.2　案例设计方案 / 133

8.3 案例数据及代码 / 136

第 9 章 车牌识别 / 143
9.1 案例基本信息 / 144
9.2 案例设计方案 / 145
9.3 案例数据代码 / 145

第 10 章 基于 PyQt5 与 opencv 的图像编辑器 / 168
10.1 案例基本信息 / 169
10.2 案例设计方案 / 170
10.3 案例代码 / 173

第 11 章 基于深度学习的肝脏肿瘤分割 / 209
11.1 案例基本信息 / 210
11.2 案例设计方案 / 211
11.3 案例数据及代码 / 215

第 12 章 直方图综合应用 / 229
12.1 案例基本信息 / 230
12.2 案例设计方案 / 231
12.3 案例数据及代码 / 231

参考文献 / 240

# 基础篇

目 录

# 第 1 章
# Python 实现图像插值方法

## 章前引言

数字图像处理是一门涉及获取、处理和分析数字图像的技术与方法的学科。在数字图像处理中，图像的重采样(Resampling)是一项常见的任务，用于改变图像的尺寸或像素间距。最近邻插值算法、双线性插值算法和双三次插值算法是常用的图像重采样方法，它们各自具有不同的特点和适用范围。

本章将介绍最近邻插值算法、双线性插值算法和双三次插值算法在数字图像处理中的应用，将详细讲解这 3 种插值算法的原理、步骤和流程，包括如何根据目标尺寸计算像素间距、如何确定目标图像中每个像素的值等。通过一系列实际案例的演示，本章将展示这 3 种插值算法在不同场景下的应用。

最近邻插值算法是最简单且易于理解的一种插值算法。它通过在目标图像中找到最接近原始图像像素的值，来填充目标图像中的每个像素，从而实现图像的重采样。双线性插值算法通过对每个目标像素周围的 4 个最近邻像素进行加权平均，来确定目标图像中每个像素的值。双三次插值算法在双线性插值算法的基础上引入更多的邻域像素，并使用三次样条插值的方法来计算目标图像中每个像素的值。

## 教学目的与要求

1. 帮助学生深入理解最近邻插值算法、双线性插值算法和双三次插值算法的原理。
2. 教授学生如何使用这些插值算法来改变图像的尺寸、实现图像放大和缩小、进行图像重采样等。
3. 学生能够根据实际需求选择合适的插值算法，并能够正确地将其应用到图像处理中。
4. 学生能够分析和评估不同插值算法的优缺点，并能够根据不同场景选择最适合的插值算法。

## 学习目标

1. 理解最近邻插值算法的原理和实现过程，包括如何计算像素间距和确定目标图像中像素的值。

2. 掌握双线性插值算法的基本概念和计算步骤，能够应用该算法进行图像的放大、缩小和旋转等重采样任务。

3. 熟悉双三次插值算法的原理和实现细节，能够使用该算法对图像进行更精细的重采样，保留更多的细节和图像质量。

4. 理解最近邻插值算法、双线性插值算法和双三次插值算法的优缺点，能够根据应用需求选择合适的插值算法。

5. 能够通过案例分析和实践应用，掌握最近邻插值算法、双线性插值算法和双三次插值算法在不同场景下的应用技巧。

6. 能够应用所学知识解决实际问题，提高图像处理的准确性、效率和质量。

7. 培养对图像重采样和插值算法的深入理解和创新思维，为未来的研究和应用工作打下坚实的基础。

### 学习难点

1. 算法原理理解：最近邻插值算法、双线性插值算法和双三次插值算法都涉及一定的数学和插值原理，理解其数学推导和插值方法可能是学习的难点。

2. 算法实现细节：对于每种插值算法，掌握其具体的实现步骤和计算过程可能需要一定的时间和细致的思考，特别是双线性插值算法和双三次插值算法。

3. 算法参数选择：在实际应用中，合适的参数对于插值算法的性能和效果至关重要。学习如何选择合适的参数以获得最佳结果可能需要一定的实践和调试。

4. 算法比较和评估：了解不同插值算法的优缺点，并能够进行客观的比较和评估可能需要对多个算法进行深入学习和实践。

### 素养目标

1. 技术素养：通过学习最近邻插值算法、双线性插值算法和双三次插值算法，培养对数字图像处理技术的理解和应用能力，提高在图像重采样任务中的技术素养。

2. 创新思维：通过理解不同插值算法的原理、优缺点和应用场景，培养创新思维；能够灵活运用所学知识解决实际图像处理问题，并提出改进和优化的想法。

3. 分析能力：通过实践和案例分析，培养对图像重采样问题的分析能力；能够识别不同场景下的需求，并选择合适的插值算法和参数来解决问题。

4. 实践能力：通过实际应用和实践练习，提高图像处理的实践能力；能够运用所学算法和技术，处理和改善真实图像数据，提高图像处理的准确性和效果。

5. 问题解决能力：通过学习和应用不同的插值算法，培养解决复杂图像重采样问题的能力；能够独立分析和解决实际问题，并提出优化方案。

## 1.1 最近邻插值算法

### 1.1.1 案例基本信息

(1) 案例名称：最近邻插值算法。

(2)案例涉及的基本理论知识点。

我们使用一张图来对最近邻插值算法进行解释，如图 1-1 所示。

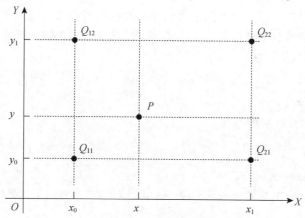

图 1-1　最近邻插值算法

由图 1-1 我们可以看到，坐标轴上有 4 个坐标点 $(x_0, y_0)$、$(x_0, y_1)$、$(x_1, y_0)$、$(x_1, y_1)$，它们的灰度值分别为 $Q_{11}$、$Q_{12}$、$Q_{21}$、$Q_{22}$，现在想要知道坐标点 $(x, y)$ 的灰度值 $P$ 是多少。根据最近邻插值算法的约束，同时由图看出 $(x, y)$ 与 $(x_0, y_0)$ 的距离是最近的（即位于 $(x_0, y_0)$ 的邻域内），我们可以知道点 $(x, y)$ 的灰度值应该为 $Q_{11}$。

(3)案例使用的平台、语言及库函数如下。

平台：PyCharm。

语言：Python。

库函数：numpy、matplotlib、opencv。

### 1.1.2　案例设计方案

本案例通过最近邻插值算法对牛的数据图像进行处理。

### 1.1.3　案例数据及代码

(1)案例数据样例或数据集如图 1-2 所示。

图 1-2　案例数据样例或数据集

(2)案例代码。

最近邻插值算法是最简单的灰度值插值方法，也称作零阶插值。最近邻插值算法可应用于图像的缩放，因为它只是对图像进行简单的变换与计算，所以效果一般不好。

核心思想：令变换后图像像素的灰度值等于距离它最近的输入像素的灰度值。

ex1-1：最近邻插值算法。

```python
import cv2
import numpy as np
import matplotlib.pyplot as plt
#最近邻插值算法
def function(img):
    height,width,channels = img.shape
    emptyImage = np.zeros((726,726,channels),np.uint8)#创建一幅空白图像,用来存放结果
    sh = 726/height
    sw = 726/width
    for i in range(726):
        for j in range(726):
            x = int(i/sh)
            y = int(j/sw)
            emptyImage[i,j] = img[x,y]
    return emptyImage
img = cv2.imread(r"C:\Users\HONOR\Pictures\niu.png")
zoom = function(img)
plt.imshow(zoom)
plt.axis('off')
plt.savefig('cat_zoomed.png', bbox_inches='tight', pad_inches=0)
plt.show()
```

(3)案例代码的运行结果如图1-3所示。

图1-3 案例代码的运行结果

## 1.2 双线性插值算法

### 1.2.1 案例基本信息

(1) 案例名称：双线性插值算法。
(2) 案例涉及的基本理论知识点

我们仍旧使用一张图来对双线性插值算法进行解释，如图1-4所示。

由图1-4我们可以看到，$(x_0, y_0)$、$(x_0, y_1)$、$(x_1, y_1)$、$(x_1, y_0)$ 是图像中4个已知的像素点，其灰度值分别是 $f(x_0, y_0)$、$f(x_0, y_1)$、$f(x_1, y_1)$、$f(x_1, y_0)$。现在我们想要知道坐标点 $(x, y)$ 的灰度值是多少。

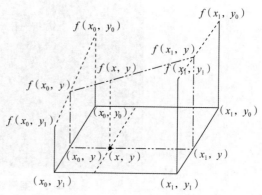

图1-4 双线性插值算法

双线性插值算法的实质其实是进行多次的线性插值。
通过线性插值，我们可以知道坐标点 $(x_0, y)$ 的灰度值为

$$f(x_0, y) = \frac{y_1 - y}{y_1 - y_0} f(x_0, y_0) + \frac{y - y_0}{y_1 - y_0} f(x_0, y_1) \qquad (1-1)$$

同理，我们可以得到坐标点 $(x_1, y)$ 的灰度值为

$$f(x_1, y) = \frac{y_1 - y}{y_1 - y_0} f(x_1, y_0) + \frac{y - y_0}{y_1 - y_0} f(x_1, y_1) \qquad (1-2)$$

$(x, y)$ 的灰度值为

$$f(x, y) = \frac{x_1 - x}{x_1 - x_0} f(x_0, y) + \frac{x - x_0}{x_1 - x_0} f(x_1, y) \qquad (1-3)$$

最终将上述3个公式合并便可以获得 $(x_0, y_0)$、$(x_0, y_1)$、$(x_1, y_1)$、$(x_1, y_0)$ 这4个坐标点的灰度值与坐标点 $(x, y)$ 的灰度值的联系，从而求得 $f(x, y)$。

(3) 案例使用的平台、语言及库函数如下。
平台：PyCharm。
语言：Python。
库函数：numpy、matplotlib、opencv。

### 1.2.2 案例设计方案

本案例通过双线性插值算法来对牛的数据图像进行处理。

### 1.2.3 案例数据及代码

(1) 案例数据样例或数据集如图1-5所示。

图1-5 案例数据样例或数据集

（2）案例代码。

双线性插值是有两个变量的插值函数的线性插值扩展，其核心思想是在两个方向分别进行一次线性插值。

ex1-2：双线性插值算法。

```python
import cv2
import numpy as np
import math
import matplotlib.pyplot as plt
#双线性插值算法
def function(img,m,n):
    height,width,channels=img.shape
    M,N=m,n*2
    emptyImage=np.zeros((M,N,channels),np.uint8) #创建一幅空白图像,用来存放结果
    value=[0,0,0]
    sh=M/height
    sw=N/width
    for i in range(M): #遍历图像的所有像素点
        for j in range(N):
            x=i/sh
            y=j/sw
            p=(i+0.0)/sh-x
            q=(j+0.0)/sw-y
            x=int(x)-1
            y=int(y)-1
            for k in range(3):
                if x+1<m and y+1<n:
                    value[k]=int(img[x,y][k]*(1-p)*(1-q)+img[x,y+1][k]*q*(1-p)+img[x+1,y][k]*(1-q)*p+img[x+1,y+1][k]*p*q)
            emptyImage[i, j]=(value[0], value[1], value[2])
```

```
return emptyImage
img=cv2. imread(r"C:\Users\HONOR\Pictures\niu. png")
#保存输入图像
img_rgb=cv2. cvtColor(img, cv2. COLOR_BGR2RGB)
plt. imshow(img_rgb)
plt. show()
plt. savefig('input_image. png')
#保存原始图像
cv2. imwrite('Bilinear. png', img)
#进行双线性插值
zoom=function(img, 512, 512)
#显示和保存插值图像
zoom_rgb=cv2. cvtColor(zoom, cv2. COLOR_BGR2RGB)
plt. imshow(zoom_rgb)
plt. show()
plt. savefig('Bilinear_ interpolation. png')
cv2. waitKey(0)
emptyImage[i, j]=(value[0], value[1], value[2])
return emptyImage
img=cv2. imread("D:/pythondata/datapy/6. png")
cv2. imwrite('Bilinear. png',img)
zoom=function(img,512,512)
cv2. imshow("Bilinear Interpolation",zoom)
cv2. imshow("image",img)
cv2. waitKey(0)
```

（3）案例代码的运行结果如图 1-6 所示。

图 1-6　案例代码的运行结果

## 1.3　双三次插值算法

### 1.3.1　案例基本信息

（1）案例名称：双三次插值算法。

(2）案例涉及的基本理论知识点。

双三次插值又称立方卷积插值。双三次插值是一种更加复杂的插值方式。该算法利用待采样点周围 16 个点的灰度值作三次插值，不仅考虑到 4 个直接相邻点的灰度影响，而且考虑到各邻点间灰度值变化率的影响。三次运算可以得到更接近高分辨率图像的放大效果，但也导致了运算量的急剧增加。这种算法需要选取插值基函数来拟合数据，本次案例使用如下函数（BiCubic 函数）作为基函数。

$$W(x) = \begin{cases} (a+2)|x|^3 - (a+3)|x|^2 + 1, & |x| \leq 1 \\ a|x|^3 - 5a|x|^2 + 8a|x| - 4a, & 1 < |x| < 2 \\ 0, & 其他 \end{cases} \quad (1-4)$$

其中，$a$ 取 $-0.5$。

我们要做的就是求出 BiCubic 函数中的参数 $x$，从而获得上面所说的 16 个像素点所对应的系数（灰度值）。在学习双线性插值算法的时候，我们是把图像的行和列分开来理解的，那么在这里，我们也用这种方法描述如何求出 $a(i,j)$ 对应的系数 $K_{ij}$。假设行系数为 $k\_i$，列系数为 $k\_j$。我们以 $a(0,0)$ 位置为例。

首先，我们要求出当前像素点与 P 点的位置，例如 $a(0,0)$ 距离 $P(x+u, y+v)$ 的距离为 $(1+u, 1+v)$。

那么我们可以得到：$K_{i0} = W(1+u)$，$K_{j0} = W(1+v)$。

同理，我们可以得到所有行和列对应的系数：

$K_{i0} = W(1+u)$，$k\_i\_1 = W(u)$，$K_{i2} = W(1-u)$，$K_{i3} = W(2-u)$

$K_{j0} = W(1+v)$，$k\_j\_1 = W(v)$，$K_{j2} = W(1-v)$，$K_{j3} = W(2-v)$

这样，我们就分别得到了行和列方向上的系数。

由 $K_{ij} = k\_i \times k\_j$ 我们就可以得到每个像素点 $a(i,j)$ 对应的权值了。

最后通过求和公式可以得到目标图片 $B(X,Y)$ 对应的像素值：

pixelB(X,Y)=pixelA(0,0)*k_0_0+pixelA(0,1)*k_0_1+…+pixelA(3,3)*k_3_3

（3）案例使用的平台、语言及库函数如下。

平台：PyCharm。

语言：Python。

库函数：numpy、matplotlib、opencv。

### 1.3.2 案例设计方案

本案例通过双三次插值算法来对牛的数据图像进行处理。

### 1.3.3 案例数据及代码

（1）案例数据样例或数据集如图 1-7 所示。

图1-7 案例数据样例或数据集

（2）案例代码。

双三次插值算法的计算量最大，但处理后的图像效果最好。这种算法是很常见的插值算法，普遍用在图像编辑软件、打印机驱动和数码相机上。

ex1-3：双三次插值算法。

```
import cv2
import numpy as np
import matplotlib.pyplot as plt
#双三次插值算法
def S(x):
    x=np.abs(x)
    if 0<=x<1:
        return 1-2.5*x*x+1.5*(x*x*x)
    if 1<=x<2:
        return 2-4*x+2.5*x*x-0.5*(x*x*x)
    else:
        return 0
def function(img, m, n):
    height, width, channels=img.shape
    M, N=m, n*2
    emptyImage=np.zeros((M, N, channels), np.uint8)
    sh=M/height
    sw=N/width
    for i in range(M):
        for j in range(N):
            x=i/sh
            y=j/sw
            p=(i+0.0)/sh-x
            q=(j+0.0)/sw-y
            x=int(x)
```

```
            y=int(y)
            blue=0
            green=0
            red=0
            for u in range(-1, 3):
                for v in range(-1, 3):
                    if (x+u) >=0 and (x+u) < height and (y+v) >=0 and (y+v) < width:
                        weight=S(1+p-u)*S(1+q-v)
                        blue+=weight*img[x+u, y+v, 0]
                        green+=weight*img[x+u, y+v, 1]
                        red+=weight* img[x+u, y+v, 2]
            #调整 blue、green、red 的值到[0, 255]
            blue=np. clip(blue, 0, 255)
            green=np. clip(green, 0, 255)
            red=np. clip(red, 0, 255)
            emptyImage[i, j]=np. array([blue, green, red], dtype=np. uint8)
    return emptyImage
img=cv2. imread(r"C:\Users\HONOR\Pictures\shuzituxiangchuli\niu. png")
zoom=function(img, 256, 256)
#显示图片
plt. imshow(cv2. cvtColor(zoom, cv2. COLOR_BGR2RGB))
plt. show()
#保存图片
plt. imsave('result. png', cv2. cvtColor(zoom, cv2. COLOR_BGR2RGB))
```

（3）案例代码的运行结果如图 1-8 所示。

图 1-8　案例代码的运行结果

## 本章小结

通过本章的学习，我们掌握了最近邻插值算法、双线性插值算法和双三次插值算法这 3 种常用的插值算法在数字图像处理中的应用。在实际应用中，我们可以根据图像处理的需求和特点选择适当的插值算法，以获得更好的图像质量和效果。同时，我们对数字图像处理领域有了更深入的了解，并对插值算法的实现和应用有了更加全面地理解。通过实验和编程实践,我们培养了创新精神和实践能力,能够灵活运用所学知识解决实际的图像处理问题。

## 本章习题

1. 双线性插值算法的基本原理是什么?(　　)
A. 选择最近邻像素进行插值
B. 基于相邻 4 个像素点的加权平均
C. 考虑相邻 16 个像素点的加权平均
D. 使用样条曲线进行插值

2. 给定一个 2×2 的灰度图像矩阵:

$$\begin{bmatrix} 10 & 20 \\ 30 & 40 \end{bmatrix}$$

使用最近邻插值算法将其放大为 4×4 的图像矩阵,并给出插值后的图像矩阵。

3. 假设你有一幅彩色图像,尺寸为 640 像素×480 像素。你希望将其放大为 1280 像素×960 像素的图像。选择合适的插值算法(最近邻插值、双线性插值或双三次插值),并解释你的选择。

## 习题答案

1. B

2. 插值后的 4×4 图像矩阵如下:

$$\begin{bmatrix} 10 & 10 & 20 & 20 \\ 10 & 10 & 20 & 20 \\ 30 & 30 & 40 & 40 \\ 30 & 30 & 40 & 40 \end{bmatrix}$$

3. 在这种情况下,建议选择双线性插值算法。因为放大倍数相对较大(2倍),双线性插值算法能够更好地保持图像的平滑性和细节,减少锯齿效应,并且计算量相对较小。双三次插值算法虽然可以提供更好的插值结果,但也会增加计算复杂度,可能会导致一定的性能损失。

# 第 2 章
# Python 实现图像增强——点变换

## 章前引言

在进行图像处理时，往往需要对图像进行增强，以提高图像的质量和信息量。点变换是一种简单而有效的图像增强方法，其基本思想就是通过对每一个像素点进行某些运算，改变它的灰度值或颜色值，从而实现图像的增强。在 Python 中，可以使用开源库 opencv 和 pillow 来实现图像的点变换。这些库提供了丰富的函数和工具，方便用户进行各种图像处理操作。直方图是一种常用的数据可视化工具，通过将数据分成若干个连续的区间，并计算每个区间中数据点的数量或频率来呈现数据的分布情况。直方图能够有效地展示数据的集中趋势、离散程度和峰态等特征，因而被广泛应用于统计学、经济学、生物学等领域。在进行数据分析时，通过观察直方图可以快速了解数据的整体分布情况，判断其是否符合正态分布等假设。同时，直方图常常作为其他数据可视化工具的基础，如箱线图、散点图等。本章将介绍直方图的构建方法、常用变换以及与其他可视化工具的结合运用，详细介绍如何使用 Python 实现图像的点变换，帮助读者更好地处理和展示数据。

## 教学目的与要求

1. 介绍使用 Python 实现图像增强中的点变换。
2. 提供关于点变换的概念和原理，并演示如何使用 Python 库进行点变换。
3. 探讨点变换在图像处理中的常见应用场景。

## 学习目标

1. 掌握反转变换(灰度图像及彩色图像)。
2. 掌握对数变换，观察图像是否变亮或变暗。
3. 掌握幂次变换，观察图像是否变亮或变暗(多对比实验)。
4. 掌握分段线性变换(不同对比度拉伸结果对比)。
5. 学会直方图归一化。

6. 学会直方图均衡化。
7. 学会直方图规定化。

## 学习难点

1. 灰度值范围的确定。
2. 灰度图像和彩色图像的处理差异。
3. 直方图均衡化实现难度。
4. 灰度不均衡问题。

## 素养目标

1. 熟悉像素级的操作。
2. 掌握直方图均衡化的原理和实现方式。
3. 通过学习能够使用 Python 库进行图像处理。
4. 培养良好的编程能力和数据分析能力,能够熟练使用 Python 等编程语言进行数据处理和建模。

## 2.1 反转变换(灰度图像及彩色图像)

### 2.1.1 案例基本信息

(1)案例名称:反转变换(灰度图像及彩色图像)。

(2)案例涉及的基本理论知识点。

点的反转变换,顾名思义就是将图像的灰度级进行反转以得到等效的照片底片。我们可以设某幅图像的灰度级为 $[0, L-1]$,则反转后图像的像素值为 $s = L - 1 - r$,其中 $r$ 指原始图像像素点的值。

(3)案例使用的平台、语言及库函数如下。

平台:PyCharm。

语言:Python。

库函数:numpy、matplotlib、opencv。

### 2.1.2 案例设计方案

本案例通过反转变换对牛的数据图像进行处理。

### 2.1.3 案例数据及代码

(1)案例数据样例或数据集如图 2-1 所示。

图 2-1　案例数据样例或数据集

（2）案例代码。

ex2-1：灰度图像与彩色图像的变换。

```
import cv2
import numpy as np
import sys
import matplotlib.pyplot as plt
path=r"C:\Users\HONOR\Pictures\shuzituxiangchuli\niu2.png"
def image_color_reverse(path):#彩色图像变换
    img=cv2.imread(path)
    if img is None:
        print('Failed to read lena.jpg.')
        sys.exit()
    imgInfo=img.shape
    height,width=imgInfo[0], imgInfo[1]
    revColor=np.zeros((height, width, 3), np.uint8)
    for i in range(0, height):
        for j in range(0, width):
            (b, g, r)=img[i, j]
            revColor[i, j]=(255-int(b), 255-int(g), 255-int(r))
    return img, revColor
def image_reverse(path):#灰度图像变换
    img=cv2.imread(path, cv2.IMREAD_GRAYSCALE)
    if img is None:
        print('Failed to read lena.jpg.')
        sys.exit()
    reverse_img=255-img
    return img, reverse_img
titles=['img', 'reverse_img']
images=image_reverse(path)
```

```
images2=image_color_reverse(path)
#保存灰度图像
cv2. imwrite('reverse_img. png', images[1])
#保存彩色图像
cv2. imwrite('revColor. png', images2[1])
for i in range(2):
plt. subplot(1, 2, i+1), plt. imshow(images[i], 'gray')
plt. title(titles[i])
plt. xticks([]), plt. yticks([])
plt. show()
for i in range(2):
plt. subplot(1, 2, i+1), plt. imshow(images2[i], 'gray')
plt. title(titles[i])
plt. xticks([]), plt. yticks([])
plt. show()
```

(3)案例代码的运行结果如图 2-2 和图 2-3 所示。

图 2-2 灰度图像变换

图 2-3 彩色图像变换

## 2.2 对数变换,观察图像是否变亮或变暗

### 2.2.1 案例基本信息

(1)案例名称:对数变换。

(2)案例涉及的基本理论知识点。

对数变换的表达式如下:
$$t = c\log(1 + s)$$
其中,$t$ 是目标灰度值;$c$ 是尺度比例常数;$s$ 是原图像的灰度值。

(3)案例使用的平台、语言及库函数如下。

平台:PyCharm。

语言:Python。

库函数:numpy、matplotlib、opencv。

### 2.2.2 案例设计方案

本案例通过对数变换来对牛的数据图像进行处理。

### 2.2.3 案例数据及代码

(1)案例数据样例或数据集如图2-4所示。

图2-4 案例数据样例或数据集

(2)案例代码。

对数变换可以拉伸范围较窄的低灰度值,同时压缩范围较宽的高灰度值,用来扩展图像中的暗像素值,同时压缩亮像素值。

ex2-2:对数变换。

```
import math#数学库
import cv2
import numpy as np#处理矩阵
import sys#处理系统函数
import matplotlib.pyplot as plt#画图
#对数变换
def logarithmic_test(c, img):
    h, w = img.shape[0], img.shape[1]
    output = np.zeros((h, w))
    for i in range(h):
        for j in range(w):
```

```
output[i, j]=c*(math.log(1.0+img[i, j]))
output=cv2.normalize(output, output, 0, 255, cv2.NORM_MINMAX)#图像的归一化,归一到0~255
return output
#读取图像并判断是否读取成功
img=cv2.imread(r"C:\Users\HONOR\Pictures\shuzituxiangchuli\niu2.png", cv2.IMREAD_GRAYSCALE)
if img is None:
    print('Failed to read log.png.')
    sys.exit()
titles=['img', 'logarithmic_test']
images=[img, logarithmic_test(0.8, img)]
for i in range(2):
    plt.subplot(1, 2, i+1), plt.imshow(images[i], 'gray')
    plt.title(titles[i])
    plt.xticks([]), plt.yticks([])
cv2.imwrite('logarithmic_test.png', images[1])
plt.show()
```

(3)案例代码的运行结果如图2-5所示。

图2-5 案例代码的运行结果

## 2.3 幂次变换,观察图像是否变亮或变暗

### 2.3.1 案例基本信息

(1)案例名称:幂次变换。
(2)案例涉及的基本理论知识点。
幂次变换的基本表达式为

$$s = cr^{\gamma}$$

其中,$c$、$\gamma$均为正数,与对数变换相同,幂次变换将部分灰度区域映射到更宽的区域中。当$\gamma=1$时,幂次变换转变为线性变换。

①当 $\gamma < 0$ 时，变换函数曲线在正比函数上方，此时拓展低灰度级，压缩高灰度级，图像变亮。这一点与对数变换十分相似。

②当 $\gamma > 0$ 时，变换函数曲线在正比函数下方，此时拓展高灰度级，压缩低灰度级，图像变暗。

(3) 案例使用的平台、语言及库函数如下。

平台：PyCharm。

语言：Python。

库函数：numpy、matplotlib、opencv。

### 2.3.2 案例设计方案

本案例通过幂次变换来对牛的数据图像进行处理。

### 2.3.3 案例数据及代码

(1) 案例数据样例或数据集如图 2-6 所示。

图 2-6 案例数据样例或数据集

(2) 案例代码。

ex2-3：幂次变换。

```
import cv2
import numpy as np
import sys
import matplotlib.pyplot as plt
if __name__=='__main__':
#读取图像并判断是否读取成功
img=cv2.imread(r"C:\Users\HONOR\Pictures\shuzituxiangchuli\niu2.png", cv2.IMREAD_GRAYSCALE)
if img is None:
print('Failed to read lena.jpg.')
sys.exit()
#进行图像的归一化
```

```
fi=img/255.0
#伽马变换
gamma1=0.4
gamma2=0.5
#gamma3=0.6
gamma3=10
out1=np.power(fi, gamma1)
out2=np.power(fi, gamma2)
out3=np.power(fi, gamma3)
titles=['img', 'out1-r0.4', 'out2-r0.5', 'out3-r10']
images=[img, out1, out2, out3]
for i in range(4):
plt.subplot(2, 2, i+1), plt.imshow(images[i], 'gray')
plt.title(titles[i])
plt.xticks([]), plt.yticks([])
#归一化到 0~255
output=cv2.normalize(images[i], None, 0, 255, cv2.NORM_MINMAX)
#转换为 uint8 类型
output=np.uint8(output)
#保存图像
cv2.imwrite('Power_transformation{}.jpg'.format(i+1), output)
plt.show()
```

(3)案例代码的运行结果如图 2-7 所示。

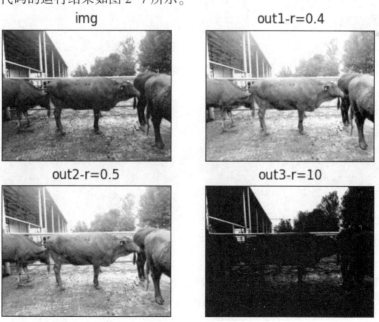

图 2-7 案例代码的运行结果

## 2.4 分段线性变换

### 2.4.1 案例基本信息

(1)案例名称:分段线性变换。
(2)案例涉及的基本理论知识点。
①分段线性变换函数(不同对比度拉伸结果对比)。

对比度拉伸可以扩展图像中的灰度级范围,实际上是增强原图像各部分的反差,即增强输入图像中感兴趣的灰度区,抑制不感兴趣区域,如图2-8所示。

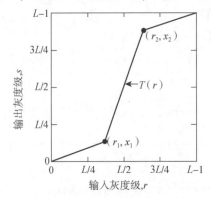

图 2-8 分段线性变换

②分段线性变换函数灰度级分割(两种方法均需实现,并进行结果对比)。
第一种灰度级分割方法所使用的分段函数:

$$f(x) = \begin{cases} 10, & x < x_1 \\ 255, & x_1 \leq x \leq x_2 \\ 10, & x > x_2 \end{cases} \quad (2-1)$$

其中,$x$指原始图像的灰度值;$f(x)$指经过灰度切割变换后的灰度值;$x_1$,$x_2$分别指自定义的分界点。

第二种灰度级分割方法所使用的分段函数:

$$f(x) = \begin{cases} x, & x < x_1 \\ 255, & x_1 \leq x \leq x_2 \\ x, & x > x_2 \end{cases} \quad (2-2)$$

其中,$x$指原始图像的灰度值;$f(x)$指经过灰度切割变换后的灰度值;$x_1$,$x_2$分别指自定义的分界点。

③分段线性变换函数位平面分割(8个位图的实现,并进行结果对比)。

把数字图像分解成位平面(每一个位平面可以处理为一幅二值图像),对于分析每一位在图像中的相对重要性是有用的。高阶位如前4位包含视觉上很重要的大多数数据,其他位对图像中的更多微小细节有作用。

例如,每个像素点的灰度值用8 bit表示,假如某像素点的灰度值为00100010,分解处理如图2-9所示。

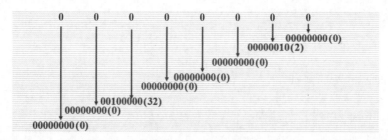

图 2-9 分解处理

(3)案例使用的平台、语言及库函数如下。
平台：PyCharm。
语言：Python。
库函数：numpy、matplotlib、opencv。

### 2.4.2 案例设计方案

本案例通过多种分段线性变换来对牛的数据图像进行处理。

### 2.4.3 案例数据及代码

(1)案例数据样例或数据集如图 2-10 所示。

图 2-10 案例数据样例或数据集

(2)案例代码。

分段线性变换的目的：增强原图像各部分的反差，也就是增强输入图像中感兴趣的灰度区，抑制不感兴趣区域。

分段线性变换有很多种，如灰度拉伸、灰度窗口变换等。

ex2-4：这段代码实现了图像处理中的两个常见功能：灰度级分割和位平面分割。

灰度级分割：方法 1(GraySeg1)根据指定的阈值 x1 和 x2，将图像的灰度级别划分为 3 个区域，低于 x1 的像素值设为 10，介于 x1 和 x2 之间的像素值设为 255，高于 x2 的像素值设为 10；方法 2(GraySeg2)根据指定的阈值 x1 和 x2，将图像的灰度级别划分为 3 个区域，低于 x1 的像素值保持不变，介于 x1 和 x2 之间的像素值设为 255，高于 x2 的像素值保持不变。

位平面分割：将图像的每个像素值转换成 8 位二进制数，并将每个二进制数的每一位构造为一个对应的位平面图像。这样可以分析和处理图像中每个像素值的二进制位信息。

```python
import cv2
import numpy as np
import sys
import matplotlib.pyplot as plt
#第一部分:灰度级分割—方法1
def GraySeg1(img,x1,x2):
    lut=np.zeros(256)
    for i in range(256):
        if i<x1:
            lut[i]=10
        elif i<x2:
            lut[i]=255
        else:
            lut[i]=10
    out_img=cv2.LUT(img,lut)
    out_img=np.uint8(out_img+0.5)
    return out_img
#第一部分:灰度级分割—方法2
def GraySeg2(img,x1,x2):
    lut=np.zeros(256)
    for i in range(256):
        if i<x1:
            lut[i]=i
        elif i<x2:
            lut[i]=255
        else:
            lut[i]=i
    out_img=cv2.LUT(img,lut)
    out_img=np.uint8(out_img+0.5)
    return out_img
#第二部分:位平面分割
def BitPlaneSlice(img):
    h, w=img.shape[0], img.shape[1]
    new_img=np.zeros((h, w, 8))
    for i in range(h):
        for j in range(w):
            n=str(np.binary_repr(img[i][j], 8)) #将像素值转换为8位二进制数
            for k in range(8):
                new_img[i][j][k]=int(n[k])*255 #设置第k位平面
    return new_img
if __name__=='__main__':
    #读取图像并检查是否成功读取
    img=cv2.imread('D:/pythondata/datapy/7.png', cv2.IMREAD_GRAYSCALE)
```

```python
if img is None:
    print('Failed to read lena.jpg. ')
    sys. exit()
#第一部分:灰度级分割
titles=['img', 'GraySeg1', 'GraySeg2']
images=[img, GraySeg1(img, 45, 135), GraySeg2(img, 45, 135)]
for i in range(3):
    plt. subplot(1,3,i+1),plt. imshow(images[i],'gray')
    plt. title(titles[i])
    plt. xticks([]),plt. yticks([])
plt. show()
#保存处理后的图像
cv2. imwrite('GraySeg1. png', images[1])
cv2. imwrite('GraySeg2. png', images[2])
#第二部分:位平面分割
bit_planes=BitPlaneSlice(img)
titles=['img']
for i in range(8):
    titles. append(f'Bit Plane {i+1}')
images=[img]
for i in range(8):
    images. append(bit_planes[:,:,i])
for i in range(9):
    plt. subplot(3,3,i+1),plt. imshow(images[i],'gray')
    plt. title(titles[i])
    plt. xticks([]),plt. yticks([])
plt. show()
#保存处理后的图像
for i in range(8):
    cv2. imwrite(f'BitPlane{i+1}. png', bit_planes[:,:,i])
```

ex2-5：这段代码是对输入的灰度图像进行灰度级分割，并可根据不同的阈值参数 x1 和 x2 来实现不同的分割效果。具体而言，代码中的函数 GraySeg1( )接受一幅灰度图像 img 和两个阈值参数 x1 和 x2 作为输入。它通过遍历图像中的每个像素点，并根据像素值与阈值的大小关系，将像素值映射到不同的灰度级别上。像素值小于 x1 的被映射为 10，介于 x1 和 x2 之间的被映射为 255，大于 x2 的被映射为 10。最后，使用 opencv 库中的 LUT( )函数将 lut(查找表)应用到原始图像上，得到处理后的图像。

```python
import numpy as np
from matplotlib import pyplot as plt
import cv2
def GraySeg1(img, x1, x2):
    lut=np. zeros(256)
    for i in range(256):
```

```
        if i < x1:
        lut[i]=10
        elif i < x2:
        lut[i]=255
        else:
        lut[i]=10
        out_img=cv2.LUT(img, lut)
        out_img=np.uint8(out_img+0.5)
    return out_img
img=cv2.imread("D:/pythondata/datapy/7.png", cv2.IMREAD_GRAYSCALE)
titles=['img', 'out1']
images=[img, GraySeg1(img, 45, 135)]
#保存分割后的图像
cv2.imwrite("123.png", images[1])
for i in range(2):
    plt.subplot(1, 2, i+1), plt.imshow(images[i], 'gray')
    plt.title(titles[i])
    plt.xticks([]), plt.yticks([])
plt.show()
```

ex2-6：一幅8 bit图像，每一个像素由8位表示灰度（0~7）。想要求第 $i$ 个平面的灰度变换函数，就对第 $i$ 位进行检测，如果该位是1，就把其他位全部变成1；如果该位是0，就把其他位全部变成0，于是就可以得到一幅黑白的二值图像。

```
import cv2
import numpy as np
import sys
import matplotlib.pyplot as plt
if __name__=='__main__':
    #读取图像并判断是否读取成功
    img=cv2.imread("D:/pythondata/datapy/7.png", cv2.IMREAD_GRAYSCALE)
    if img is None:
        print('Failed to read lena.jpg.')
        sys.exit()
    h, w=img.shape[0], img.shape[1]    #h,w分别赋予img图像的高和宽
    new_img=np.zeros((h, w, 8))    #创建一个宽和高和img一样,一维数组由8个元素组成的三维数组
    for i in range(h):
        for j in range(w):
            n=str(np.binary_repr(img[i, j], 8))    #img[i,j]表示获取图像中第i行、第j列处的像素值。np.binary_repr()函数将该像素值转换为8位二进制字符串,str()函数将二进制表示的像素值转换为字符串类型的数据,并将其存储在变量n中作为结果
            for k in range(8):
                new_img[i, j, k]=n[k]
    titles=['0bit', '1bit', '2bit', '3bit', '4bit', '5bit', '6bit', '7bit']
```

```
images=[img, new_img[:, :, 0], new_img[:, :, 1], new_img[:, :, 2], new_img[:, :, 3], new_img[:, :, 4],
new_img[:, :, 5], new_img[:, :, 6], new_img[:, :, 7]]
for i in range(8):
    plt. subplot(2, 4, i+1), plt. imshow(images[i], 'gray')
    plt. title(titles[i])
    plt. xticks([]), plt. yticks([])
    #保存每幅图像
    cv2. imwrite(f"{titles[i]}. png", images[i])
plt. show()
```

(3)案例代码的运行结果。

ex2-4 的运行结果如图 2-11 所示。

图 2-11  ex2-4 的运行结果

ex2-5 的运行结果如图 2-12 所示。

图 2-12  ex2-5 的运行结果

ex2-6 的运行结果如图 2-13 所示。

图 2-13  ex2-6 的运行结果

## 2.5 直方图

### 2.5.1 案例基本信息

（1）案例名称：直方图的相关绘制。

（2）案例涉及的基本理论知识点：图像的灰度直方图描述了图像中灰度分布情况，能够很直观地展示出图像中各个灰度级所占的多少。图像的灰度直方图是灰度级的函数，描述的是图像中具有该灰度级的像素的个数，其中，横坐标是灰度级，纵坐标是该灰度级出现的概率，如图 2-14 所示。

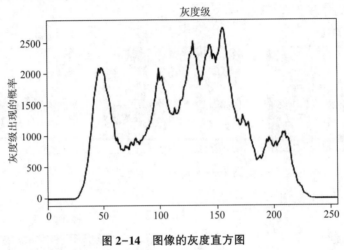

图 2-14　图像的灰度直方图

① 直方图归一化。

有些灰度图像的像素并没有分布在 [0, 255]，而是分布在 [0, 255] 的子区间内。这样的图像肉眼看上去往往不是很清晰。我们可以通过直方图归一化的方式，将它的像素分布从 [0, 255] 的子区间变为 [0, 255] 范围内。通过这样的方式，往往可以增加图像的清晰度。

② 直方图均衡化。

直方图均衡化是一种增强图像对比度的方法，其主要思想是将一幅图像的直方图分布通过累积分布函数变成近似均匀分布，从而增强图像的对比度。为了扩展原始图像的亮度范围，需要一个映射函数，将原始图像的像素值均衡映射到新直方图中，这个映射函数有两个条件：不能打乱原有的像素值大小顺序，映射后亮、暗的大小关系不能改变；映射后必须在原有的范围内，即映射函数的值域应在 0 和 255 之间。

综合以上两个条件，累积分布函数是一个好的选择，因为累积分布函数是单调增函数（控制大小关系），并且值域是 0 到 1（控制越界问题），所以直方图均衡化中使用的是累积分布函数。

③ 直方图规定化。

直方图规定化，也称作直方图匹配，用于将图像变换为某一特定的灰度分布，也就是其目标灰度直方图是已知的。这其实和直方图均衡化很类似，均衡化后的灰度直方图也是已知的，是一张均匀分布的直方图；而规定化后的直方图可以被随意指定，也就是在执行规定化操作时，首先要知道变换后的灰度直方图，这样才能确定变换函数。规定化操作能够有目的地增强某个灰度区间，相比于均衡化操作，规定化操作多了一个输入，但是其变换后的结果也更灵活。

(3) 案例使用的平台、语言及库函数如下。

平台：PyCharm。

语言：Python。

库函数：numpy、matplotlib、opencv。

### 2.5.2 案例设计方案

本案例通过对直方图进行归一化、均衡化以及规定化来展示牛的数据图像的相关特点。

### 2.5.3 案例数据及代码

(1) 案例数据样例或数据集如图 2-15 所示。

图 2-15 案例数据样例或数据集

(2) 案例代码。

ex2-7：这段代码使用 opencv 库中的 cvtColor() 函数将彩色图像转换为灰度图像，使用 opencv 库中的 calcHist() 函数计算灰度图像的直方图，再根据计算得到的灰度直方图数据，使用 opencv 库中的绘图函数绘制直方图。在绘制过程中，通过循环遍历直方图的每个像素值，使用 cv.line() 函数绘制直方图条形。类似地，对原始彩色图像的每个颜色通道（即红、绿、蓝）分别计算直方图，并使用相应的颜色绘制直方图。

```
import cv2 as cv
import numpy as np
import sys
#设定 bins 的数目
bins=np.arange(256).reshape(256, 1)
def draw_gray_histogram(image):#绘制灰度图像的直方图
#创建一个全 0 矩阵以绘制直方图
new=np.zeros((image.shape[0], 256, 3))
```

```python
#对图像进行直方图计算
hist_item=cv.calcHist([image], [0], None, [256], [0, 256])
cv.normalize(hist_item, hist_item, 0, 255, cv.NORM_MINMAX)
hist=np.int32(np.around(hist_item))
for x, y in enumerate(hist):
    cv.line(new, (int(x), 0), (int(x),int(y)), (255, 255, 255))
#由于绘制时是从顶部开始的,所以需要将矩阵进行翻转
result=cv.flip(new, 0)
return result
def draw_bgr_histogram(image):#绘制彩色图像的直方图
#创建一个3通道的全0矩阵以绘制直方图
new=np.zeros((image.shape[0], 256, 3))
#声明BGR 3种颜色
bgr=[(255, 0, 0), (0, 255, 0), (0, 0, 255)]
for i, col in enumerate(bgr):
    hist_item=cv.calcHist([image], [i], None, [256], [0, 256])
    cv.normalize(hist_item, hist_item, 0, 255, cv.NORM_MINMAX)
    hist=np.int32(np.around(hist_item))
    hist=np.int32(np.column_stack((bins, hist)))
    cv.polylines(new, [hist], False, col)
result=cv.flip(new, 0)
return result
if __name__=='__main__':
#读取图像
img=cv.imread('images/flower.jpg')
#判断图像是否读取成功
if img is None:
    print("Failed to read flower.jpg. ")
    sys.exit()
#将图像转为灰度模式
gray=cv.cvtColor(img, cv.COLOR_BGR2GRAY)
#计算并绘制灰度图像的直方图和BGR图像的直方图
gray_histogram=draw_gray_histogram(gray)
bgr_histogram=draw_bgr_histogram(img)
cv.imshow('Origin Image', img)
cv.imshow('Gray Histogram', gray_histogram)
cv.imshow('BGR Histogram', bgr_histogram)
cv.waitKey(0)
cv.destroyAllWindows()
```

ex2-8：直方图归一化。

直方图归一化的本质就是让变化后的直方图的每一个像素等级的概率相等。

```python
import cv2 as cv
import numpy as np
import sys
import matplotlib.pyplot as plt
#绘制灰度图像未归一化直方图
def draw_gray_histogram(image):
    #创建一个全0矩阵来绘制直方图
    new=np.zeros((image.shape[0], 256, 3))
    #对图像进行直方图计算
    hist_item=cv.calcHist([image], [0], None, [256], [0, 256])
    hist=np.int32(np.around(hist_item))
    for x, y in enumerate(hist):
        cv.line(new, (int(x), 0), (int(x), int(y)), (255, 255, 255))
    #由于从顶部开始绘制,所以需要将矩阵进行翻转
    result=cv.flip(new, 0)
    return result
if __name__=='__main__':
    #读取图像并判断是否读取成功
    img=cv.imread(r'C:\Users\HONOR\Pictures\shuzituxiangchuli\OIP_C.jpg')
    if img is None:
        print('Failed to read OIP_C.jpg.')
        sys.exit()
    #将图像转换为灰度图像
    grayFlower=cv.cvtColor(img, cv.COLOR_BGR2GRAY)
    #计算并绘制灰度图像的直方图
    gray_histgram=draw_gray_histogram(grayFlower)
    #显示直方图
    plt.imshow(gray_histgram, cmap='gray')
    #保存直方图
    plt.savefig('gray_histogram.png')
    #显示直方图
    plt.show()
```

ex2-9：直方图均衡化。

直方图均衡化的基本原理：对在图像中像素个数多的灰度值(即对画面起主要作用的灰度值)进行展宽，而对像素个数少的灰度值(即对画面不起主要作用的灰度值)进行归并，从而增大对比度，使图像清晰，达到增强的目的。

```python
#-*-coding:utf-8-*-
import cv2 as cv
from matplotlib import pyplot as plt
import sys
if __name__=='__main__':
    #读取图像
```

```python
image=cv.imread('images/apple.jpg', 0)
#判断图像是否读取成功
if image is None:
    print('Failed to read apple.jpg.')
    sys.exit()
#绘制原图像的直方图
plt.hist(image.ravel(), 256, [0, 256])
plt.title('Origin Image')
plt.show()
#进行均衡化并绘制直方图
image_result=cv.equalizeHist(image)
plt.hist(image_result.ravel(), 256, [0, 256])
plt.title('Equalized Image')
plt.show()
#展示均衡化前后的图像
cv.imshow('Origin Image', image)
cv.imshow('Equalized Image', image_result)
cv.waitKey(0)
cv.destroyAllWindows()
```

ex2-10：直方图规定化。

```python
#-*- coding:utf-8-*-
import cv2 as cv
import numpy as np
from matplotlib import pyplot as plt
import sys
if __name__=='__main__':
    #读取图像
    image1=cv.imread('images/Hist_Match.png')
    image2=cv.imread('images/Yoad.jpg')
    #判断图像是否读取成功
    if image1 is None or image2 is None:
        print('Failed to read Hist_Match.png or Road.jpg.')
        sys.exit()
    #计算两幅图像的直方图
    hist_image1=cv.calcHist([image1], [0], None, [256], [0, 256])
    hist_image2=cv.calcHist([image2], [0], None, [256], [0, 256])
    #对直方图进行归一化
    hist_image1=cv.normalize(hist_image1, None, norm_type=cv.NORM_L1)
    hist_image2=cv.normalize(hist_image2, None, norm_type=cv.NORM_L1)
    #计算两幅图像直方图的累计概率
    hist1_cdf=np.zeros((256,))
    hist2_cdf=np.zeros((256,))
```

```
        hist1_cdf[0]=0
        hist2_cdf[0]=0
        for i in range(1, 256):
            hist1_cdf[i]=hist1_cdf[i-1]+hist_image1[i]
            hist2_cdf[i]=hist2_cdf[i-1]+hist_image2[i]
        #构建累计概率误差矩阵
        diff_cdf=np.zeros((256, 256))
        for k in range(256):
            for j in range(256):
                diff_cdf[k][j]=np.fabs((hist1_cdf[k]-hist2_cdf[j]))
        #生成lut映射表
        lut=np.zeros((256,), dtype='uint8')
        for m in range(256):
            #查找源灰度级为i的映射灰度和i的累计概率误差值最小的规定化灰度
            min_val=diff_cdf[m][0]
            index=0
            for n in range(256):
                if min_val > diff_cdf[m][n]:
                    min_val=diff_cdf[m][n]
                    index=n
            lut[m]=index
        result=cv.LUT(image1, lut)
        #展示结果
        cv.imshow('Origin Image1', image1)
        cv.imshow('Origin Image2', image2)
        cv.imshow('Result', result)
        plt.hist(x=image1.ravel(), bins=256, range=[0, 256])
        plt.hist(x=image2.ravel(), bins=256, range=[0, 256])
        plt.hist(x=result.ravel(), bins=256, range=[0, 256])
        plt.show()
        cv.waitKey(0)
        cv.destroyAllWindows()
```

ex2-11：在某种意义上，像素被基于整幅图像的灰度分布的变换函数修改。虽然全局方法适用于整幅图像的增强，但存在这样的情况，增强图像中小区域的细节也是需要的。

```
import cv2 as cv
from matplotlib import pyplot as plt
import sys
if __name__=='__main__':
    #读取图像
    image=cv.imread('images/equalLena.png')
    #判断图像是否读取成功
```

```
        if image is None:
            print('Failed to read equalLena.png.')
            sys.exit()
    def get_part_equalizeHist(image):
        gray=cv.cvtColor(image, cv.COLOR_BGR2GRAY)
        clahe=cv.createCLAHE(clipLimit=5, tileGridSize=(7, 7))
        dst=clahe.apply(gray)
        cv.imshow("clahe image", dst)
    result=get_part_equalizeHist(image)
    cv.imshow("original image", image)
    cv.waitKey(0)
    cv.destroyAllWindows()
```

ex2-12：直方图统计算法可指定对比度差的局部区域进行相应的提升，来达到图像局部区域的图像增强目的。直方图统计是指根据模板大小内的像素领域的均值、方差与全局的均值、方差的比较，来决定像素的操作。操作暗、亮区域的图像只需要设置局部均值和全局均值的比值，而局部方差一般设置成小于全局方差。

```
#-*- coding:utf-8-*-
import cv2 as cv
import sys
import numpy as np
#设置不显示科学计数法,显示普通数字
np.set_printoptions(suppress=True)
if __name__=='__main__':
    #以灰度方式读取图像
    image=cv.imread('images/apple.jpg', 0)
    #判断图像是否读取成功
    if image is None:
        print("Failed to read apple.jpg.")
        sys.exit()
    #对图像进行直方图计算
    hist=cv.calcHist([image], [0], None, [256], [0, 256])
    #输出结果
    for i in range(256):
        print("i:",i)
        print("hist:",hist[i])
```

（3）案例代码的运行结果。

ex2-7 的运行结果如图 2-16 和图 2-17 所示。

图 2-16　ex2-7 的运行结果 1

图 2-17　ex2-7 的运行结果 2

ex2-8 的运行结果如图 2-18 所示。

图 2-18　ex2-8 的运行结果

ex2-9 的运行结果如图 2-19 所示。

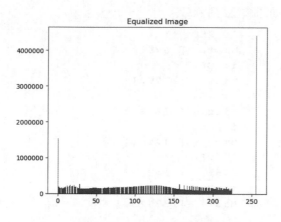
图 2-19　ex2-9 的运行结果

ex2-10 的运行结果如图 2-20 所示。

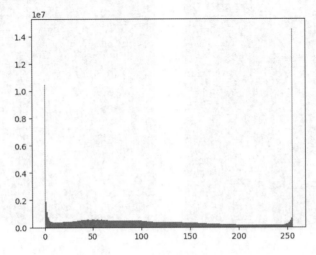

图 2-20　ex2-10 的运行结果

ex2-11 的运行结果如图 2-21 所示。

图 2-21　ex2-11 的运行结果

ex2-12 的运行结果如图 2-22 所示。

```
i: 250
hist: [ 695.]
i: 251
hist: [ 799.]
i: 252
hist: [ 1010.]
i: 253
hist: [ 1218.]
i: 254
hist: [ 1488.]
i: 255
hist: [ 37923.]
```

图 2-22　ex2-12 的运行结果

## 小思考

1. 像素值范围是多少？
2. 在点变换中，我们通常使用哪些预定义的函数来实现像素值的映射？

## 本章小结

本章主要介绍了 Python 实现图像增强中的点变换，在数字图像处理中，点变换是最基本、最简单的一种变换方式。它将一幅图像上每个像素的像素值通过某种函数关系进行变换，得到一个新的像素值。常见的点变换包括对数变换、伽马变换、反转变换等。这些点变换可以改变图像的对比度、亮度、色调等属性，从而提高图像的质量和清晰度。Python 中实现点变换非常简单，只需要利用 numpy 或 opencv 库中的相关函数即可。其中，opencv 库中的 LUT( ) 函数是实现各种点变换的常用函数之一，它可以使用查找表将输入图像的像素值映射到输出图像的像素值，实现任意灰度级数目的变换。除此之外，Python 还提供了丰富的图像增强工具包，如 scikit-image、pillow 等，这些工具包可以快速地实现各种图像增强算法，并提供了友好的接口和文档说明，非常方便实用。总之，掌握点变换是实现图像增强的重要基础，而 Python 作为一种易学易用的编程语言，在图像处理方面也有着广泛的应用和巨大的优势。

## 本章习题

1. 在点变换中，将灰度级别拉伸到 0~255 的方法是什么？（　　）
   A. 对数变换　　　　　　　　　B. 幂次变换
   C. 线性变换　　　　　　　　　D. 对比度拉伸
2. 以下哪种变换可以用来增加图像对比度？（　　）
   A. 对数变换　　　　　　　　　B. 幂次变换
   C. 线性变换　　　　　　　　　D. 亮度调整
3. 以下哪种变换可以使暗部细节更明显？（　　）
   A. 对数变换　　　　　　　　　B. 幂次变换
   C. 线性变换　　　　　　　　　D. 直方图均衡化
4. (判断)幂次变换可以增加图像细节。(　　)
5. 假设有一幅大小为 $M \times N$ 的图像 $I$，灰度级范围为 $[0, L-1]$。定义一个函数 $f$，它对于图像 $I$ 中的每个像素 $p$，在不改变相对大小关系的情况下将 $p$ 映射到另一个像素值 $q = f(p)$。当 $f(p) = L - 1 - p$ 时，这个函数实现了什么操作？

## 习题答案

1. D　2. C　3. A　4. √

5. 这个函数实现了图像的反转操作，即将原来灰度值较小的像素变成灰度值较大的像素，将原来灰度值较大的像素变成灰度值较小的像素。

# 第 3 章

# Python 实现图像增强——邻域变换

## 章前引言

在图像处理领域，图像增强是一个非常重要的问题。在许多应用中，我们需要对图像进行增强以获得更好的视觉效果或提高图像质量。邻域变换是一种有效的图像增强技术，它可以通过改变局部像素值来实现图像增强。本章将介绍如何使用 Python 实现邻域变换的算法，包括均值滤波、中值滤波和高斯滤波等算法。我们将通过案例代码及其运行结果来展示这些算法的效果，并讨论它们在不同场景下的应用。

## 教学目的与要求

1. 理解数字图像处理中的邻域变换的概念及其应用。
2. 能够使用 Python 实现基本的邻域变换算法。
3. 能够运用所学知识，对数字图像进行增强处理，并得到预期效果。
4. 掌握 Python 的相关知识和操作方法，并在此基础上加深对 Python 的理解。
5. 增强学生自主学习、探究问题的能力，培养其团队合作精神和创新意识。

## 学习目标

1. 了解图像增强的意义和应用场景。
2. 掌握邻域变换算法对图像进行增强的原理和基本思路。
3. 熟悉 Python 编程语言，掌握使用 Python 实现邻域变换的技巧。
4. 学会使用 Python 中的常用图像处理库，如 PIL、opencv 等。
5. 能够独立完成邻域变换算法的实现并将其应用于实际图像处理任务中。
6. 对图像处理领域的知识有一个全面的了解，并能够不断深入学习。

## 学习难点

1. 学习图像增强之前需要掌握图像处理的基本概念和算法，如离散傅里叶变换、滤波器等。

2. 邻域变换算法需要用到一些数学知识，如卷积运算、高斯函数等。
3. 学习使用Python实现图像增强，需要掌握Python的基本语法和常用库的使用方法。
4. 深入理解邻域变换算法的原理和实现方法并通过实际应用案例进行实践。
5. 在实现图像增强算法的过程中，会遇到各种问题，需要具备调试和优化的能力。
6. 从理论到实践，需要不断地进行思维转换，将理论知识转化为可操作的代码。

### 素养目标

1. 代码规范：编写代码时需注意代码的规范，包括代码风格、注释等。
2. 团队合作：学习过程中需要与他人协作完成任务，需要具备团队意识和沟通能力。
3. 独立思考：在实现图像增强算法的过程中，需要发挥自己的独立思考能力，尝试寻找最优解决方案。
4. 创新能力：图像增强是一个不断发展的领域，需要有创新能力去发现新的方法和技术，并对其进行应用和改进。
5. 持续学习：学习图像增强是一个持续学习的过程，需要保持对新知识的敏感度，并不断更新和扩充自己的知识体系。
6. 实践能力：学习过程中需要进行大量的实践，掌握实际操作技能；同时需要通过实践锻炼自己的实践能力，提高解决实际问题的能力。

## 3.1 均值滤波器

### 3.1.1 案例基本信息

（1）案例名称：Python实现图像增强——均值滤波器。
（2）案例涉及的相关理论知识。
均值滤波器可以归为低通滤波器，是一种线性滤波器，其输出为邻域模板内的像素的简单平均值(也称均值)，主要用于图像的模糊和降噪。
均值滤波器的概念非常直观，使用滤波器窗口内的像素的平均灰度值代替图像中的像素值，这样的结果就是降低图像中的"尖锐"变化。这就造成，均值滤波器在降低噪声的同时，模糊图像的边缘。均值滤波器的处理结果是过滤掉图像中的"不相关"细节，其中"不相关"细节指的是与滤波器模板尺寸相比较小的像素区域。
（3）案例使用的平台、语言及库函数如下。
平台：PyCharm。
语言：Python。
库函数：numpy、matplotlib、opencv。

### 3.1.2 案例设计方案

本案例通过均值滤波器对牛的数据图像进行处理。

### 3.1.3 案例数据及代码

(1)案例数据样例或数据集如图3-1所示。

图3-1 案例数据样例或数据集

(2)案例代码。

均值滤波指在图像上对目标像素(指具体某一个坐标的像素)给一个模板,该模板包括目标像素本身及其周围的邻近像素,再用模板中的全体像素的平均值来代替原来的像素值。

ex3-1:均值滤波。

加入高斯噪声:

```
#高斯噪声
import cv2
import numpy as np
import cv2 as cv
import random
import matplotlib.pyplot as plt
src=cv.imread(r"C:\Users\HONOR\Pictures\shuzituxiangchuli\niu2.png")
img=src.copy()
def cv_show(name,img):
    cv2.imshow(name,img)
    cv2.waitKey(0)
    cv2.destroyAllWindows()
def gaussian_noise(image, mean=0.1, sigma=0.1):
    """
    添加高斯噪声
    :param image:原图
    :param mean:均值
    :param sigma:标准差的值越大,噪声越多
    :return:噪声处理后的图像
    """
    image=np.asarray(image/255, dtype=np.float32)  #图像灰度标准化
```

```
noise=np.random.normal(mean, sigma, image.shape).astype(dtype=np.float32)  #产生高斯噪声
output=image+noise    #将噪声和图像叠加
output=np.clip(output, 0, 1)
output=np.uint8(output*255)
return output
img_sp=gaussian_noise(img, mean=0.1, sigma=0.1)
img_median=cv.medianBlur(img_sp, 5)
plt.imsave("gaussian_noise.jpg", img_sp)
plt.imsave("medianBlur.jpg", img_median)
cv.imshow("gaussian_noise", img_sp)
cv.imshow("medianBlur", img_median)
cv.waitKey(0)
```

添加椒盐噪声：

```
import cv2
import numpy as np
import cv2 as cv
import random
import matplotlib.pyplot as plt
src=cv.imread(r"C:\Users\HONOR\Pictures\shuzituxiangchuli\niu2.png")
img=src.copy()
def cv_show(name,img):
    cv2.imshow(name,img)
    cv2.waitKey(0)
    cv2.destroyAllWindows()
def add_sp_noise(img,sp_number):
    new_image=img
    row,col,channel=img.shape#获取行列、通道信息
    s=int(sp_number*img.size/channel)#根据sp_number确定椒盐噪声
    #确定要扫椒盐的像素值
    change=np.concatenate((np.random.randint(0,row,size=(s,1)),np.random.randint(0,col,size=(s,1))),axis=1)
    for i in range(s):
        r=np.random.randint(0,2)#确定撒椒(0)还是盐(1)
        for j in range(channel):
            new_image[change[i,0],change[i,1],j]=r
    return new_image
img_sp=add_sp_noise(img, sp_number=0.02)
img_median=cv.medianBlur(img_sp, 5)
plt.imsave("sp_noise.jpg", img_sp)
plt.imsave("medianBlur.jpg", img_median)
cv.imshow("sp_noise", img_sp)
cv.imshow("medianBlur", img_median)
cv.waitKey(0)
```

加入模糊处理：

```python
import numpy as np
import cv2 as cv
import random
import matplotlib.pyplot as plt
src=cv.imread(r"C:\Users\HONOR\Pictures\1.png")
src=src[:,:,1]   #取一个通道,变为灰度图像
print('image.shape: ', src.shape)
cv.imshow("origin", src)
img=src.copy()
def sp_noise(image, prob):
    output=np.zeros(image.shape, np.uint8)
    thres=1-prob
    for i in range(image.shape[0]):
        for j in range(image.shape[1]):
            #生成随机数
            rdn=random.random()
            if rdn < prob:
                output[i][j]=0
            elif rdn > thres:
                output[i][j]=255
            else:
                output[i][j]=image[i][j]
    return output
img_sp=sp_noise(img, prob=0.02)
img_blur=cv.blur(img_sp, (5,5))
plt.imsave("sp_noise.jpg", img_sp)
plt.imsave("blur.jpg", img_blur)
cv.imshow("sp_noise", img_sp)
cv.imshow("Blur", img_blur)
cv.waitKey(0)
```

ex3-2：实现高斯噪声均值滤波器。

```python
import cv2#高斯噪声均值滤波器
import numpy as np
import cv2 as cv
import random
import matplotlib.pyplot as plt
src=cv2.imread('E:/pycharm/5.jpg')
src=src[:,:,1]   #取一个通道,变为灰度图像
print('image.shape: ', src.shape)
```

```
cv.imshow("origin", src)
img=src.copy()
def gaussian_noise(image, mean=0, var=0.001):
#添加高斯噪声
#mean：均值
#var：方差
    image=np.array(image/255, dtype=float)
    noise=np.random.normal(mean, var**0.5, image.shape)
    out=image+noise
    if out.min() < 0:
        low_clip=-1.
    else:
        low_clip=0.
    out=np.clip(out, low_clip, 1.0)
    out=np.uint8(out*255)
    return out
img_gs=gaussian_noise(img,mean=0.01, var=0.01)
img_blur=cv.blur(img_gs, (5,5))
plt.imsave("gs_noise.jpg", img_gs)
plt.imsave("blur.jpg", img_blur)
cv.imshow("gs_noise", img_gs)
cv.imshow("Blur", img_blur)
cv.waitKey(0)
```

(3)案例代码的运行结果。

ex3-1 的运行结果如图 3-2 所示。

图 3-2　ex3-1 的运行结果

ex3-2 的运行结果如图 3-3 和图 3-4 所示。

图 3-3 椒盐噪声

图 3-4 均值滤波器

## ▶▶ 3.2 加权均值滤波器 ▶▶ ▶

### 3.2.1 案例基本信息

(1) 案例名称：Python 实现图像增强——加权均值滤波器。

(2) 案例涉及的相关理论知识。

加权均值滤波：也称线性滤波，主要思想为邻域平均法，即用几个像素灰度的平均值来代替每个像素的灰度。其公式为

$$g(x, y) = \frac{1}{M} \sum_{f \in s} f(x, y) \qquad (3-1)$$

其中，$M$ 为空间核大小。可以对其进行改进，主要避开对景物边缘的平滑处理。加权均值滤波是，对待处理的当前像素，选择一个模板，该模板由其邻近的若干个像素组成，用模板的平均值来替代原像素值的方法。

所谓加权平均，是指用不同的系数乘以像素，即一些像素的权重(重要性)比另一些像素的权重(重要性)大，因此，在均值计算中为该像素提供更大的重要性。

(3) 案例使用的平台、语言及库函数如下。

平台：PyCharm。
语言：Python。
库函数：numpy、matplotlib、opencv。

### 3.2.2 案例设计方案

本案例通过加权均值滤波器对牛的数据图像进行处理。

### 3.2.3 案例数据及代码

（1）案例数据样例或数据集如图 3-5 所示。

图 3-5 案例数据样例或数据集

（2）案例代码。

ex3-3：加权均值滤波器。

```python
import cv2
import numpy as np
import matplotlib.pyplot as plt
#读取图像
img=cv2.imread(r'C:\Users\HONOR\Pictures\shuzituxiangchuli\niu.png', cv2.IMREAD_GRAYSCALE)
#展示输入图像
plt.axis('off')
plt.imshow(img, cmap='gray')
plt.show()
#定义模板
kernel=np.array([[1, 2, 1], [2, 4, 2], [1, 2, 1]])
#定义 rejector2()函数
def rejector2(img, kernel):
    num_sum=np.sum(kernel)
    img_new=np.zeros_like(img)
    a, b=kernel.shape[0]//2, kernel.shape[1]//2
    for i in range(a, img.shape[0]- a):
```

```
        for j in range(b, img. shape[1]- b):
            num=0
            for k in range(- a, a+1):
                for l in range(- b, b+1):
                    num+=img[i+k][j+l]*kernel[k+a][l+b]
            img_new[i][j]=int(num/num_sum)
    return img_new
#对输入图像应用滤镜
filtered_img=rejector2(img, kernel)
#显示过滤图像
plt. imshow(filtered_img, cmap='gray')
plt. axis('off')
plt. show()
#使用opencv库将过滤后的图像保存为PNG文件
cv2. imwrite('jiaquanjunzhi. png', filtered_img)
```

(3)案例代码的运行结果如图3-6所示。

图3-6 案例代码的运行结果

## 3.3 最大值滤波器

### 3.3.1 案例基本信息

(1)案例名称：Python实现图像增强——最大值滤波器。
(2)案例涉及的相关理论知识。

最大值滤波是一种比较保守的图像处理手段，与中值滤波类似，首先要对周围像素值和中心像素值进行排序，然后将中心像素值与最小和最大像素值比较，若中心像素值比最小像素值小，则替换中心像素值为最小像素值，若中心像素值比最大像素值大，则替换中心像素值为最大像素值。

(3)案例使用的平台、语言及库函数如下。

平台：PyCharm。

语言：Python。

库函数：numpy、matplotlib、opencv。

### 3.3.2 案例设计方案

本案例通过最大值滤波器对牛的数据图像进行处理。

### 3.3.3 案例数据及代码

（1）案例数据样例或数据集如图 3-7 所示。

图 3-7　案例数据样例或数据集

（2）案例代码。

ex3-4：最大值滤波器。

```python
import cv2 as cv
import numpy as np
from matplotlib import pyplot as plt
import copy
def original(i, j, k, ksize, img):
#找到矩阵坐标
x1=y1=- ksize//2
x2=y2=ksize+x1
temp=np.zeros(ksize*ksize)
count=0
#处理图像
for m in range(x1, x2):
    for n in range(y1, y2):
        if i+m < 0 or i+m > img.shape[0]- 1 or j+n < 0 or j+n > img.shape[1]- 1:
            temp[count]=img[i, j, k]
        else:
            temp[count]=img[i+m, j+n, k]
count+=1
return temp
```

自定义最大值滤波器：

```python
def max_min_functin(ksize, img, flag):
    img0=copy.copy(img)
    for i in range(0, img.shape[0]):
        for j in range(2, img.shape[1]):
            for k in range(img.shape[2]):
                temp=original(i, j, k, ksize, img0)
                if flag==0:
                    img[i, j, k]=np.max(temp)
                #elif flag==1:
                    #img[i, j, k]=np.min(temp)
    return img
img=cv.imread('D:/pythondata/datapy/10.png')
max_img=max_min_functin(3, copy.copy(img),0)
plt.imsave("max.jpg", max_img)
cv.imshow("original", img)
cv.imshow("max_img", max_img)
cv.waitKey(0)
```

（3）案例代码的运行结果如图3-8所示。

图3-8 案例代码的运行结果

## ▶▶ 3.4 最小值滤波器 ▶▶▶

### 3.4.1 案例基本信息

（1）案例名称：Python实现图像增强——最小值滤波器。

（2）案例涉及的相关理论知识。

最小值滤波是一种比较保守的图像处理手段，与中值滤波类似，首先要对周围像素值和中心像素值进行排序，然后将中心像素值与最小和最大像素值比较，若中心像素值比最小像素值小，则替换中心像素值为最小像素值，若中心像素值比最大像素值大，则替换中心像素值为最大像素值。

(3)案例使用的平台、语言及库函数如下。
平台：PyCharm。
语言：Python。
库函数：numpy、matplotlib、opencv。

### 3.4.2 案例设计方案

本案例通过最小值滤波器对牛的数据图像进行处理。

### 3.4.3 案例数据及代码

(1)案例数据样例或数据集如图3-9所示。

图3-9 案例数据样例或数据集

(2)案例代码。

ex3-5：最小值滤波器。

```
import cv2 as cv
import numpy as np
from matplotlib import pyplot as plt
import copy
def original(i, j, k, ksize, img):
    #找到矩阵坐标
    x1=y1=- ksize//2
    x2=y2=ksize+x1
    temp=np. zeros(ksize*ksize)
    count=0
    #处理图像
    for m in range(x1, x2):
        for n in range(y1, y2):
            if i+m < 0 or i+m > img. shape[0]- 1 or j+n < 0 or j+n > img. shape[1]- 1:
                temp[count]=img[i, j, k]
```

```
        else:
            temp[count]=img[i+m, j+n, k]
        count+=1
return temp
```

自定义最小值滤波器：

```
def max_min_functin(ksize, img, flag):
    img0=copy.copy(img)
    for i in range(0, img.shape[0]):
        for j in range(2, img.shape[1]):
            for k in range(img.shape[2]):
                temp=original(i, j, k, ksize, img0)
                if flag==1:
                    img[i, j, k]=np.min(temp)
                #elif flag==1:
                    #img[i, j, k]=np.min(temp)
    return img
img=cv.imread('D:/pythondata/datapy/9.png')
min_img=max_min_functin(3, copy.copy(img),1)
#max_img=max_min_functin(3, copy.copy(img),0)
plt.imsave("min.jpg", min_img)
cv.imshow("original", img)
cv.imshow("min_img", min_img)
#cv.imshow("max_img", max_img)
cv.waitKey(0)
```

（3）案例代码的运行结果如图 3-10 所示。

图 3-10　案例代码的运行结果

## 3.5 中值滤波器

### 3.5.1 案例基本信息

（1）案例名称：Python 实现图像增强——中值滤波器。

（2）案例涉及的相关理论知识。

中值滤波器是一种常用的非线性滤波器，其基本原理是选择待处理像素的一个邻域中各像素值的中值来代替待处理的像素，因为像素的灰度值与周围像素比较接近，从而消除孤立的噪声点，所以中值滤波器能够很好地消除椒盐噪声。

中值滤波就是将在卷积核覆盖范围内的数从小到大排列，然后取中位数代替原图中卷积核中心位置的值，需要注意的是，中值滤波只需知道卷积核大小，至于卷积核内各个位置的数值没必要知道。

（3）案例使用的平台、语言及库函数如下。

平台：PyCharm。

语言：Python。

库函数：numpy、matplotlib、opencv。

### 3.5.2 案例设计方案

本案例通过中值滤波器对牛的数据图像进行处理。

### 3.5.3 案例数据及代码

（1）案例数据样例或数据集如图 3-11 所示。

图 3-11　案例数据样例或数据集

(2)案例代码。

ex3-6：中值滤波器。

```python
import numpy as np
import cv2 as cv
import random
import matplotlib.pyplot as plt
src=cv.imread("D:/pythondata/datapy/11.png")
img=src.copy()
def sp_noise(image, prob):
    output=np.zeros(image.shape, np.uint8)
    thres=1-prob
    for i in range(image.shape[0]):
        for j in range(image.shape[1]):
            #生成随机数
            rdn=random.random()
            if rdn < prob:
                output[i][j]=0
            elif rdn > thres:
                output[i][j]=255
            else:
                output[i][j]=image[i][j]
    return output
img_sp=sp_noise(img, prob=0.02)
img_median=cv.medianBlur(img_sp, 5)
cv.imshow("sp_noise", img_sp)
cv.imshow("medianBlur", img_median)
cv.waitKey(0)
```

(3)案例代码的运行结果如图3-12所示。

图3-12　案例代码的运行结果

## 3.6 拉普拉斯滤波器

### 3.6.1 案例基本信息

(1)案例名称：Python 实现图像增强——拉普拉斯滤波器。

(2)案例涉及的相关理论知识。

拉普拉斯滤波器是一种常用于图像处理的滤波器，通常用于增强图像的边缘和细节信息。它通过计算图像中像素值的二阶导数来实现。拉普拉斯滤波器的应用可以突出图像中的边缘和纹理，并使图像更加锐利。

拉普拉斯是一种二阶导数算子，是一个与方向无关的各向同性(旋转轴对称)边缘检测算子。若只关心边缘点的位置而不顾其周围的实际灰度差，一般选择该算子进行检测。

(3)案例使用的平台、语言及库函数如下。

平台：PyCharm。

语言：Python。

库函数：numpy、matplotlib、opencv。

### 3.6.2 案例设计方案

本案例通过拉普拉斯滤波器对牛的数据图像进行处理。

### 3.6.3 案例数据及代码

(1)案例数据样例或数据集如图 3-13 所示。

图 3-13 案例数据样例或数据集

(2)案例代码。

ex3-7：拉普拉斯滤波器。

拉普拉斯第一种核：

```python
import cv2 as cv
import numpy as np
from matplotlib import pyplot as plt
def laplacian(image, kernel):
    #进行拉普拉斯变换
    laplacian=cv.filter2D(image, cv.CV_64F, kernel)
    #处理结果,并返回
    laplacian=cv.convertScaleAbs(laplacian)
    return laplacian
#加载图像
img=cv.imread(r'C:\Users\HONOR\Pictures\OIP-C.jpg', 0)
#定义拉普拉斯核,可以修改内部系数
kernel=np.array([[0, 1, 0], [1,-4, 1], [0, 1, 0]], dtype=np.float32)
#进行拉普拉斯变换
result=laplacian(img, kernel)
#显示结果
plt.imshow(result, cmap='gray')
plt.show()
```

拉普拉斯第二种核:

```python
import cv2 as cv
import numpy as np
from matplotlib import pyplot as plt
def laplacian(image, kernel):
    #进行拉普拉斯变换
    laplacian=cv.filter2D(image, cv.CV_64F, kernel)
    #处理结果,并返回
    laplacian=cv.convertScaleAbs(laplacian)
    return laplacian
#加载图像
img=cv.imread(r'C:\Users\HONOR\Pictures\Saved Pictures\1.jpg',0)
#定义拉普拉斯核,可以修改内部系数
kernel=np.array([[1, 1, 1], [1,-8, 1], [1, 1, 1]], dtype=np.float32)
#进行拉普拉斯变换
result=laplacian(img, kernel)
#显示结果
plt.imshow(result, cmap='gray')
plt.show()
```

拉普拉斯第三种核:

```python
import cv2 as cv
import numpy as np
```

```
from matplotlib import pyplot as plt
def laplacian(image, kernel):
#进行拉普拉斯变换
laplacian=cv. filter2D(image, cv. CV_64F, kernel)
#处理结果,并返回
laplacian=cv. convertScaleAbs(laplacian)
return laplacian
#加载图像
img=cv. imread(r'C:\Users\HONOR\Pictures\Saved Pictures\1.jpg',0)
#定义拉普拉斯核,可以修改内部系数
kernel=np. array([[0,-1, 0], [-1, 4,-1], [0,-1, 0]], dtype=np. float32)
#进行拉普拉斯变换
result=laplacian(img, kernel)
#显示结果
plt. imshow(result, cmap='gray')
plt. show()
```

拉普拉斯第四种核:

```
import cv2 as cv
import numpy as np
from matplotlib import pyplot as plt
def laplacian(image, kernel):
#进行拉普拉斯变换
laplacian=cv. filter2D(image, cv. CV_64F, kernel)
#处理结果,并返回
laplacian=cv. convertScaleAbs(laplacian)
return laplacian
#加载图像
img=cv. imread(r'C:\Users\HONOR\Pictures\Saved Pictures\1.jpg',0)
#定义拉普拉斯核,可以修改内部系数
kernel=np. array([[-1,-1,-1], [-1, 8,-1], [-1,-1,-1]], dtype=np. float32)
#进行拉普拉斯变换
result=laplacian(img, kernel)
#显示结果
plt. imshow(result, cmap='gray')
plt. show()
```

ex3-8:边缘增强。

拉普拉斯滤波器是对图像亮度进行二次微分,从而检测边缘的滤波器。由于数字图像是离散的,所以 $x$ 方向和 $y$ 方向的一次微分分别按照以下式子计算:

$$I_x(x, y) = \frac{I(x+1, y) - I(x, y)}{(x+1) - x} = I(x+1, y) - I(x, y)$$

$$I_y(x, y) = \frac{I(x, y+1) - I(x, y)}{(y+1) - y} = I(x+1, y) - I(x, y)$$

(3-2)

```
import sys
import cv2 as cv
from matplotlib import pyplot as plt
def main(argv):#argv 是 sys 模块下的方法,用于接收命令行传参
    ddepth=cv.CV_16S#图像深度
    kernel_size=3#内核大小
    window_name="Laplace Demo"
    imageName=argv[0]
    if len(argv) > 0
    else 'D:/pythondata/datapy/8.png'
    src=cv.imread(cv.samples.findFile(imageName), cv.IMREAD_COLOR) #读取图像
    #判断图像是否读取成功
    if src is None:
        print ('Error opening image')
        print ('Program Arguments: [image_name-- default lena.jpg]')
        return- 1
    src=cv.GaussianBlur(src, (3, 3), 0)#高斯滤波器对图像进行平滑处理
    src_gray=cv.cvtColor(src, cv.COLOR_BGR2GRAY)
    cv.namedWindow(window_name, cv.WINDOW_AUTOSIZE)
    dst=cv.Laplacian(src_gray, ddepth, ksize=kernel_size)
    abs_dst=cv.convertScaleAbs(dst)
    cv.imshow(window_name, abs_dst)
    cv.waitKey(0)
    #[display]
    plt.imsave("lapulasi.jpg", abs_dst)
    return 0
if __name__=="__main__":
    main(sys.argv[1:])
```

ex3-9:反锐化掩蔽。

```
import cv2 as cv
import numpy as np
from matplotlib import pyplot as plt
def unsharp_masking(image):
    blurred=cv.GaussianBlur(image, (5,5), 0)
    usm=cv.addWeighted(image, 1.5, blurred,-0.5, 0)
```

```
return usm
#加载图像
img=cv. imread(r'C:\Users\HONOR\Pictures\Saved Pictures\1.jpg', 0)
#进行反锐化掩蔽
result=unsharp_masking(img)
#显示结果
plt. imshow(result, cmap='gray')
plt. show()
```

ex3-10:高频提升。

一般锐化模板的系数之和均为 0,这说明算子在灰度恒定区域的响应为 0,即在锐化处理后的图像中,原始图像的平滑区域近乎为黑色,而原图像中所有的边缘、细节和灰度跳变点都作为黑色背景中的高灰度部分突出显示。基于锐化的图像增强希望在增强边缘和细节的同时仍然保留原始图像中的信息,而非将平滑区域的灰度信息丢失,因此可以把原始图像加上锐化后的图像,从而得到比较理想的结果。

其原理流程如下:
①图像锐化;
②原始图像与锐化图像按比例混合;
③混合后的灰度调整(归一化至[0,255]):

$$g(i,j) = \begin{cases} Af(i,j) + \text{Sharpen}((i,j)), & \text{锐化算子中心系数} > 0 \\ Af(i,j) - \text{Sharpen}((i,j)), & \text{锐化算子中心系数} < 0 \end{cases} \tag{3-3}$$

```
import cv2 as cv
import numpy as np
from matplotlib import pyplot as plt
def high_boost(image, k=1. 5):
blurred=cv. GaussianBlur(image, (5,5), 0)
high_freq=image- blurred
sharpened=image+k*high_freq
return sharpened
#加载图像
img=cv. imread(r'C:\Users\HONOR\Pictures\Saved Pictures\1.jpg', 0)
#进行高频提升
result=high_boost(img, k=1. 5)
#显示结果
plt. imshow(result, cmap='gray')
plt. show()
```

ex3-11:使用罗伯特交叉算子进行边缘检测。

任意一对互相垂直方向上的差分可以看成求梯度的近似方法,罗伯特算子利用这种原理,采用对角方向相邻两像素值之差代替该梯度值,它在实际应用中可用如下公式表示:

$$g(x,y) = 12\{[2f(x,y) - f(x+1,y+1)] + [2f(x+1,y) - f(x,y+1)]\}$$

$$\tag{3-4}$$

其中,$f(x,y)$ 是输入图像;$g(x,y)$ 是输出图像。

再选取适当的门限阈值 TH，若 $g(x,y)$ 里的某个像素点大于此门限阈值 TH，则将对应的像素点看作阶跃边缘点。这样就得到了边缘轮廓。

```python
import cv2 as cv
import numpy as np
#读取图像
img=cv.imread(r'C:\Users\HONOR\Pictures\Saved Pictures\1.jpg', 0)
#定义交叉算子核
kernel=np.array([[-1,-1],[1,1]],dtype=np.float32)
#进行卷积
dst=cv.filter2D(img,-1,kernel)
#显示结果
cv.imshow('dst',dst)
cv.waitKey(0)
cv.destroyAllWindows()
```

ex3-12：使用 Sobel 算子进行图像梯度计算。

Sobel 算子主要用于获得数字图像的一阶梯度，常见的应用是边缘检测。

Sobel 算子使用两个 3×3 的矩阵去和原始图像作卷积，分别得到水平方向 $G(x)$ 和垂直方向 $G(y)$ 的梯度值，若梯度值大于某一个阈值，则认为该点为边缘点。

$G(x)$ 方向的相关模板：

$$G(x) = \begin{bmatrix} -1 & 0 & +1 \\ -2 & 0 & +2 \\ -1 & 0 & +1 \end{bmatrix} *1 \tag{3-5}$$

$G(y)$ 方向的相关模板：

$$G(y) = \begin{bmatrix} -1 & -2 & -1 \\ 0 & 0 & 0 \\ +1 & +2 & +1 \end{bmatrix} *1 \tag{3-6}$$

```python
import cv2 as cv
import numpy as np
#读取图像
img=cv.imread(r'C:\Users\HONOR\Pictures\Saved Pictures\1.jpg', 0)
#计算水平方向和垂直方向的 Sobel 算子
sobel_x=cv.Sobel(img, cv.CV_64F, 1, 0, ksize=3)
sobel_y=cv.Sobel(img, cv.CV_64F, 0, 1, ksize=3)
#计算梯度强度和方向
grad_x=cv.convertScaleAbs(sobel_x)
grad_y=cv.convertScaleAbs(sobel_y)
grad=cv.addWeighted(grad_x, 0.5, grad_y, 0.5, 0)
#显示结果
cv.imshow('grad', grad)
cv.waitKey(0)
cv.destroyAllWindows()
```

（3）案例代码的运行结果。

ex3-7 的运行结果如图 3-14~图 3-17 所示。

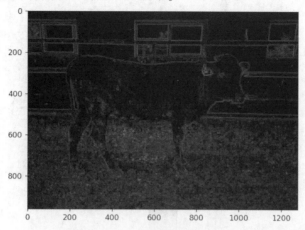

图 3-14　拉普拉斯第一种核

图 3-15　拉普拉斯第二种核

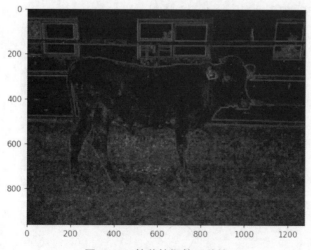

图 3-16　拉普拉斯第三种核

图 3-17　拉普拉斯第四种核

ex3-8 的运行结果如图 3-18 所示。

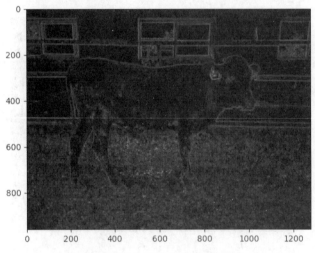

图 3-18　ex3-8 的运行结果

ex3-9 的运行结果如图 3-19 所示。

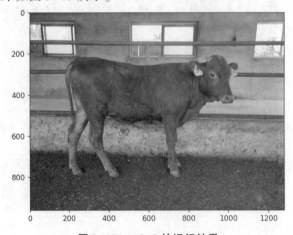

图 3-19　ex3-9 的运行结果

ex3-10 的运行结果如图 3-20 和图 3-21 所示。

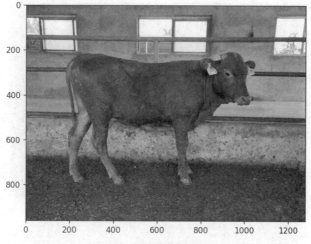

图 3-20　高频提升 1

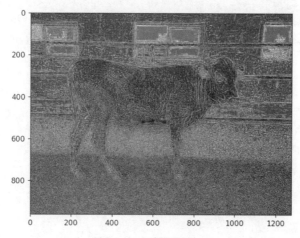

图 3-21　高频提升 2

ex3-11 的运行结果如图 3-22 所示。

图 3-22　ex3-11 的运行结果

ex3-12 的运行结果如图 3-23 所示。

图 3-23　ex3-12 的运行结果

## 本章小结

本章介绍了图像增强的邻域变换算法，主要包括均值滤波、中值滤波和高斯滤波等方法。通过这些算法，可以有效地提高图像的对比度、清晰度和亮度，并且可以突出图像中的细节信息，使图像更加美观。

在实际应用中，我们可以根据需要选择不同的图像增强算法，以满足不同的需求。同时，我们可以通过组合多种图像增强算法来进一步提高图像的质量。

总之，本章所介绍的图像增强算法是非常实用的，在计算机视觉、图像处理等领域都有广泛的应用前景。

## 本章习题

1. 在 Python 中，常用的图像处理库有哪些？（　　）
   - A. tensorflow
   - B. PyTorch
   - C. PIL
   - D. A 和 C

2. 邻域变换算法中，常用的模板形状有哪些？（　　）
   - A. 矩形
   - B. 圆形
   - C. 十字形
   - D. A、B、C 都正确

3. 直方图均衡化是一种什么样的图像增强算法？（　　）
   - A. 增加图像对比度的算法
   - B. 减小图像噪声的算法
   - C. 降低图像分辨率的算法
   - D. 增加图像亮度的算法

4. 对于一幅大小为 512 像素×512 像素的彩色图像，在 RGB 模式下需要占用多少字节的内存空间？（　　）
   - A. 256 KB
   - B. 512 KB
   - C. 768 KB
   - D. 1 024 KB

5. 图像增强算法的评价指标有哪些？（　　）
   - A. PSNR
   - B. SSIM

C. MSE　　　　　　　　　　　　D. A、B、C 都正确

6. 邻域变换算法中，卷积运算可以使用＿＿＿＿函数实现。
7. 在 PIL 库中，可以使用＿＿＿＿函数将一幅彩色图像转化为灰度图像。
8. 直方图均衡化可以使图像的直方图分布更加＿＿＿＿。
9. 在 opencv 库中，可以使用＿＿＿＿函数对图像进行锐化操作。
10. 评价图像增强算法时，常用的指标之一是＿＿＿＿。
11. 什么是图像增强？它有哪些应用场景？
12. 邻域变换是如何对图像进行增强的？请简要介绍其原理和基本思路。
13. 如何评价图像增强算法的效果？
14. 除了邻域变换，还有哪些常见的图像增强算法？请简要介绍其原理和应用场景。

## 习题答案

1. D　2. D　3. A　4. C　5. D

6. convolve( )

7. convert( )

8. 均匀

9. cv.filter2D( )

10. PSNR(Peak Signal-to-Noise Ratio，峰值倍噪比)

11. 图像增强是指通过各种算法对原始图像进行处理，以获得更好的效果。图像增强的应用场景非常广泛，如医学图像诊断、安防监控、人脸识别等领域。

12. 邻域变换是一种基于模板的图像增强算法。它的原理是利用给定的模板，对图像中每个像素点的邻域进行卷积运算，从而得到改变像素值的新图像。邻域变换的基本思路是在图像上滑动一个固定大小的窗口，在窗口内对像素进行操作，从而得到新的像素值。

13. 评价图像增强算法的效果可以从多个方面来考虑，如图像质量、图像细节、图像对比度、噪声去除等。常用的评价指标包括 PSNR、SSIM(Structural Similarity Index，结构相似性)、MSE(Mean Square Error，均方误差)等。

14. 常见的图像增强算法包括直方图均衡化、灰度拉伸、中值滤波、维纳滤波等。这些算法都有各自的优势和适用场景，如直方图均衡化用于增强图像对比。

# 第 4 章 Python 实现频域中的图像增强

## 📖 章前引言

在图像处理领域，频域图像增强是一个重要的技术，可以通过对图像的频谱进行操作来提高图像的质量和增强细节。Python 是一种强大的编程语言，可以用于实现频域图像增强技术。本章将介绍如何使用 Python 实现频域图像增强的常用方法，包括傅里叶变换、滤波器设计和频域滤波等。我们将通过案例代码及其运行结果来展示这些方法的效果，并讨论它们在不同场景下的应用。我们希望通过本章的学习，读者能够掌握频域图像增强的基本原理和实现方法，提高对图像处理技术的理解和应用能力。

## 📖 教学目的与要求

1. 理解数字图像处理中的频域分析和处理的概念及其应用。
2. 能够使用 Python 实现基本的频域分析和滤波算法。
3. 培养学生的团队合作能力和创新意识，鼓励学生自主探究问题，提高其实践能力和解决问题的能力。

## 📖 学习目标

1. 了解图像处理中的频域分析和处理的原理和方法。
2. 掌握傅里叶变换和逆变换的原理和实现方法。
3. 学习不同类型低通滤波器和高通滤波器的基本理论知识和实现方法。
4. 掌握使用 Python 的 numpy、opencv 和 matplotlib 库实现图像处理中的频域分析和处理的方法。
5. 了解正弦波信号和三角波信号的傅里叶分析和相移操作。
6. 理解 DFT 和 FFT 两种傅里叶变换方法的原理和区别。
7. 能在实际图像处理中应用傅里叶变换和频域滤波技术。

## 学习难点

1. 理解图像的空间域到频域变换和频域到空间域逆变换的数学原理和对应的变换公式。

2. 掌握不同类型低通滤波器和高通滤波器的基本概念和实现方法,了解滤波器参数如何影响滤波效果。

3. 学习使用 Python 的 numpy、opencv 和 matplotlib 库实现傅里叶变换和频域滤波的技术路线和具体代码实现。

4. 理解正弦波信号和三角波信号的傅里叶分析和相移操作的概念和实现过程。

5. 掌握 DFT 和 FFT 两种傅里叶变换方法的原理和区别,理解其在实际应用中的优缺点。

6. 理解在实际图像处理中如何选择不同的滤波器类型和参数,如何获取滤波效果并进行结果展示。

## 素养目标

1. 具备批判性思维和分析问题的素养,能够评估傅里叶变换和频域滤波技术在处理图像中的优缺点。

2. 具备自主学习和持续学习的素养,能够独立学习和探索新的图像处理技术和方法,提高自身的学习能力和素质。

3. 具备职业道德和社会责任意识的素养,能够在图像处理工作中遵守职业道德和标准,保护个人隐私和数据安全。

4. 具备跨学科和终身学习的素养,能够将图像处理技术与多个学科领域结合,不断更新和拓展自己的知识和技能,适应日新月异的科技发展。

## 4.1 图像的空间域到频域变换,以及频域到空间域的逆变换

### 4.1.1 案例基本信息

(1)案例名称:图像的空间域到频域变换,以及频域到空间域的逆变换。

(2)案例涉及的基本理论知识点。

图像在空间域上表现为一个个的像素点,而这些像素点相当于离散的二维信号,所以要将空间域转化为频域,需要将离散的二维信号利用二维傅里叶变换转化为二维坐标上的幅值变化。在一维上,离散的多个信号组成时域上的函数,那么根据傅里叶可知,一个函数可由多个正余弦函数表示,这样就将时域上的函数分解成多个正余弦函数,通过提取多个正余弦函数的幅值就可以得到频域图像。傅里叶函数相当于光学上的棱镜,我们通过分析频率就可以分析每个正余弦函数。那么在二维上,将二维坐标分解为两个一维坐标来分别表征 $X$ 和 $Y$ 轴上的灰度值变化,通过傅里叶变换来分别表征 $X$ 和 $Y$ 轴上的幅值(梯度)变化,将 $X$ 和 $Y$ 轴上的幅值变化进行加和即可得到最终的二维上的幅值变化。

(3)案例使用的平台、语言及库函数如下。

平台：PyCharm。

语言：Python。

库函数：numpy、matplotlib、opencv。

### 4.1.2 案例设计方案

本案例通过空间域到频域变换，以及频域到空间域的逆变换对牛的数据图像进行处理。

### 4.1.3 案例数据代码

(1)案例数据样例或数据集如图 4-1 所示。

图 4-1 案例数据样例或数据集

(2)案例代码。

频域是指图像的频率分量，包括高频和低频，可以通过傅里叶变换等方法得到。空间域是指图像的像素点分布，可以通过直接对图像进行处理得到。

DFT(Discrete Fourier Transform)：离散傅里叶变换。

FFT(Fast Fourier Transform)：快速傅里叶变换。

原图→DFT/FFT(正变换)→中心化→频域显示(处理)→去中心化→IDFT/IFFT(逆变换)→原图二维图像($M$ 行 $N$ 列)，其公式为

$$F(u,v) = \sum_{x=0}^{M-1}\sum_{y=0}^{N-1} f(x,y) e^{-j2\pi(ux/M+vy/N)} \tag{4-1}$$

ex4-1：灰度图像的傅里叶变换和频域可视化。

```python
import cv2 as cv
import numpy as np
from matplotlib import pyplot as plt
img=cv.imread(r"C:\Users\HONOR\Pictures\niu.png",0)
f=np.fft.fft2(img)
fshift=np.fft.fftshift(f)
fimg=np.log(np.abs(fshift))
plt.subplot(121),plt.imshow(img,'gray'),plt.title('Original Fourier')
```

```python
plt. axis('off')
plt. subplot(122),plt. imshow(fimg,'gray'),plt. title('Fourier Fourier')
plt. axis('off')
plt. show()
```

ex4-2：频域到空间域的变换思想是将频域的信息转换为空间域的信息，即将图像的频率分量转换为像素点分布。这个过程可以通过傅里叶逆变换来实现。在进行图像处理时，可以先对图像进行傅里叶变换，得到图像的频率分量，然后对频率分量进行处理，最后通过傅里叶逆变换将处理后的频率分量转换为像素点分布，得到最终的处理结果。

```python
import cv2 as cv
import numpy as np
from matplotlib import pyplot as plt
img=cv. imread("E:/2.jpg",0)
f=np. fft. fft2(img)
fshift=np. fft. fftshift(f)
fimg=np. log(np. abs(fshift))
ishift=np. fft. ifftshift(fshift)
iimg=np. fft. ifft2(ishift)
iimg=np. abs(iimg)
plt. subplot(131),plt. imshow(img,'gray'),plt. title('Original Fourier')
plt. axis('off')
plt. subplot(132),plt. imshow(fimg,'gray'),plt. title('Fourier Fourier')
plt. axis('off')
plt. subplot(133),plt. imshow(iimg,'gray'),plt. title('Inverse Fourier Fourier')
plt. axis('off')
plt. show()
```

ex4-3：这段代码读取并显示了一幅图像的傅里叶变换幅度谱。

```python
import cv2
import numpy as np
import matplotlib. pyplot as plt
#读取图像
img=cv2. imread(r"C:\Users\HONOR\Pictures\Camera Roll\OIP- C.jpg",0)
#傅里叶变换
f=np. fft. fft2(img)
fshift=np. fft. fftshift(f)
#计算幅度谱
magnitude_spectrum=20* np. log(np. abs(fshift)+1)
#将幅度谱转换为灰度图像
magnitude_spectrum=np. uint8(magnitude_spectrum)
#显示幅度谱图像
plt. imshow(magnitude_spectrum, cmap='gray')
plt. axis('off')    #不显示坐标轴
plt. savefig('magnitude_spectrum. png', transparent=True, bbox_inches='tight', pad_inches=0)
```

```
plt.show()
cv2.waitKey(0)
cv2.destroyAllWindows()
```

ex4-4：这段代码利用了 Python 中 opencv 和 numpy 两个库的函数对灰度图像进行低通滤波处理。

```
import cv2
import numpy as np
#读取图像
img=cv2.imread(r'C:\Users\HONOR\Pictures\shuzituxiangchuli\zhu.png', 0)
#进行二维傅里叶正变换
f=np.fft.fft2(img)
fshift=np.fft.fftshift(f)
#对频域图像进行滤波操作,这里仅对频域图像的中心部分进行保留,其余部分置为0
rows, cols=img.shape
crow, ccol=int(rows/2), int(cols/2)
fshift[crow-30:crow+30, ccol-30:ccol+30]=0
#进行二维傅里叶逆变换
f_ishift=np.fft.ifftshift(fshift)
img_back=np.fft.ifft2(f_ishift)
img_back=np.real(img_back)a
#将逆变换后的图像转换为 0~255 的灰度图像,并保存结果
img_back=cv2.normalize(img_back, None, 0, 255, cv2.NORM_MINMAX, cv2.CV_8U)
cv2.imshow('Magnitude Spectrum', img_back)
cv2.waitKey(0)
cv2.imwrite('result.jpg', img_back)
```

ex4-5：这段代码利用 Python 的 opencv 和 numpy 库对灰度图像进行低通滤波处理，实现了将灰度图像转换到频域进行滤波处理，去除图像中的高频信息，突出图像中更低频的信息。

```
import cv2
import numpy as np
from matplotlib import pyplot as plt
#读取图像
img=cv2.imread(r"C:\Users\HONOR\Pictures\Camera Roll\OIP-C.jpg", 0)
#傅里叶变换
dft=cv2.dft(np.float32(img),flags=cv2.DFT_COMPLEX_OUTPUT)
fshift=np.fft.fftshift(dft)
#设置低通滤波器
rows, cols=img.shape
crow,ccol=int(rows/2),int(cols/2) #中心位号
mask=np.zeros((rows, cols, 2), np.uint8)
mask[crow-30:crow+30, ccol-30:ccol+30]=1
#掩模图像和频域图像的点乘(逐元素相乘)
```

```
f=fshift*mask
print (f. shape, fshift. shape, mask. shape)
#傅里叶逆变换
ishift=np. fft. ifftshift(f)
iimg=cv2. idft(ishift)
res=cv2. magnitude(iimg[:, :,0], iimg[:,:,1])
#显示原始图像和低通滤波处理图像
plt. subplot(121), plt. imshow(img, 'gray'), plt. title('original Image')
plt. axis('off')
plt. subplot(122), plt. imshow(res, 'gray'), plt. title('Result Image')
plt. axis('off')
plt. show()
```

ex4-6：这段代码利用 Python 的 opencv 和 numpy 库对灰度图像进行高通滤波处理，实现了将灰度图像转换到频域进行滤波处理，突出图像中的高频信息。

```
import cv2 as cv
import numpy as np
from matplotlib import pyplot as plt
#读取图像
img=cv. imread(r"C:\Users\HONOR\Pictures\Camera Roll\OIP- C.jpg",0)
#傅里叶变换
f=np . fft. fft2(img)
fshift=np. fft . fftshift(f)
#设置高通滤波器
rows, cols=img. shape
crow,ccol=int(rows/2), int(cols/2)
fshift[crow- 30:crow+30,ccol- 30:ccol+30]=0
#傅里叶逆变换
ishift=np. fft . ifftshift(fshift)
iimg=np. fft. ifft2(ishift)
iimg=np. abs(iimg)
#显示原始图像和高通滤波处理图像
plt. subplot(121),plt. imshow(img, 'gray'),plt. title('original Image')
plt. axis('off')
plt. subplot(122),plt. imshow(iimg, 'gray'), plt. title('Result Image')
plt. axis('off')
plt. show()
```

ex4-7：当处理信号时，一种常见的方法是将其转换到频域上。这段代码实现了将正弦波信号进行傅里叶变换，然后绘制了该信号的时域波形、幅度谱、相位谱和功率谱密度。该代码使用 Python 的 numpy 和 matplotlib 库操作信号数据和绘图。

```
import numpy as np
import matplotlib. pyplot as plt
#生成一个正弦波信号
Fs=1000                    #采样频率
```

```
T=1/Fs                              #采样时间间隔
L=1000                              #信号长度
t=np.arange(0, L)*T                 #时间序列
f1=50                               #信号频率
A1=1                                #信号振幅
x=A1*np.sin(2*np.pi*f1*t)
#计算信号的傅里叶变换
X=np.fft.fft(x)
N=len(X)
freq=np.arange(N)/T/N
#计算信号的幅度谱
amp_spec=np.abs(X)/N
amp_spec[1:]=2*amp_spec[1:]         #去除直流分量
#计算信号的相位谱
phase_spec=np.angle(X)
#计算信号的功率谱密度
power_spec=np.abs(X)**2/N**2
#绘制信号的时域波形、幅度谱、相位谱和功率谱密度
fig, axs=plt.subplots(4, 1, figsize=(10, 10))
axs[0].plot(t, x)
axs[0].set_xlabel('Time (s)')
axs[0].set_ylabel('Amplitude')
axs[0].set_title('Time Domain Signal')
axs[1].plot(freq, amp_spec)
axs[1].set_xlabel('Frequency (Hz)')
axs[1].set_ylabel('Amplitude')
axs[1].set_title('Magnitude Spectrum')
axs[2].plot(freq, phase_spec)
axs[2].set_xlabel('Frequency (Hz)')
axs[2].set_ylabel('Phase (rad)')
axs[2].set_title('Phase Spectrum')
axs[3].plot(freq, power_spec)
axs[3].set_xlabel('Frequency (Hz)')
axs[3].set_ylabel('Power')
axs[3].set_title('Power Spectral Density')
plt.tight_layout()
plt.show()
```

ex4-8：这段代码利用 Python 的 opencv 和 numpy 库实现了对灰度图像的傅里叶变换，并计算和显示了该变换的幅度谱、相位谱和功率谱。

```
import cv2
import numpy as np
#读取图像并将其转换为灰度图像
```

```python
img=cv2.imread(r"C:\Users\HONOR\Pictures\Camera Roll\OIP-C.jpg", 0)
#将图像转换到频域
f=np.fft.fft2(img)
fshift=np.fft.fftshift(f)
#计算幅度谱
magnitude_spectrum=20*np.log(np.abs(fshift))
#计算相位谱
phase_spectrum=np.angle(fshift)
#计算功率谱
power_spectrum=magnitude_spectrum**2
#显示结果
cv2.imshow('Original Image', img)
cv2.imshow('Magnitude Spectrum', magnitude_spectrum.astype(np.uint8))
cv2.imshow('Phase Spectrum', phase_spectrum.astype(np.uint8))
cv2.imshow('Power Spectrum', power_spectrum.astype(np.uint8))
cv2.waitKey(0)
cv2.destroyAllWindows()
```

ex4-9：这段代码使用 Python 的 numpy 和 scipy 库生成了两个复杂正弦波信号，对它们进行傅里叶变换，并将变换结果的幅度谱进行可视化。在此基础上，该代码将两个信号相加得到了一个新的信号，并对新信号的幅度谱同样进行了可视化。

```python
import numpy as np
from scipy.fftpack import fft
import matplotlib.pyplot as plt
#matplotlib inline
def generate_complex_signal(num_sample, k0):
    '''
    生成复杂正弦波信号:
    num_sample：信号的个数，即公式中的 N
    k0：周期个数
    return:复正弦波信号
    '''
    n=np.arange(num_sample)
    x=np.exp(1j*2*np.pi*k0*n/num_sample)
    return x
num_sample=100
k0=20
x1=generate_complex_signal(num_sample, k0)
num_sample=100
k0=10
x2=generate_complex_signal(num_sample, k0)
X1=fft(x1);
X2=fft(x2);
```

```
mX1=np.abs(X1);
mX2=np.abs(X2);
x12=x1+x2;    #加入两个信号
X12=fft(x12);
mX12=np.abs(X12);
#plot the results
plt.figure(figsize=(15,6))
plt.subplot(321)
plt.plot(x1)
plt.subplot(322)
plt.plot(x2)
plt.subplot(323)
plt.plot(mX1)
plt.subplot(324)
plt.plot(mX2)
plt.subplot(325)
plt.plot(mX1+mX2)
plt.subplot(326)
plt.plot(mX12)
plt.show();
```

ex4-10：这段代码利用 Python 的 numpy、scipy 和 matplotlib 库对一个包含三角波信号的序列进行傅里叶分析和相移操作，并对处理结果进行了可视化。

```
import numpy as np
from scipy.fftpack import fft
import matplotlib.pyplot as plt
x1=np.linspace(0,1.0,50)
x1=np.append(x1,0)
x1=np.append(x1,np.linspace(-1.0,0,50))
shifted_x=np.roll(x1,10) #转变信号
X1=fft(x1)
shiftedX=fft(shifted_x)
mX1=np.abs(X1)
pX1=np.angle(X1)
pX1=np.unwrap(pX1)
mshiftedX=np.abs(shiftedX)
pshiftedX=np.angle(shiftedX)
pshiftedX=np.unwrap(pshiftedX)
#画出结果图
plt.figure(figsize=(15,6))
plt.subplot(321)
plt.plot(x1)
plt.subplot(322)
plt.plot(shifted_x)
plt.subplot(323)
```

```
plt. plot(mX1)
plt. subplot(324)
plt. plot(mshiftedX)
plt. subplot(325)
plt. plot(pX1)
plt. subplot(326)
plt. plot(pshiftedX)
plt. show()
```

(3)案例代码的运行结果。

ex4-1 的运行结果如图 4-2 所示。

图 4-2　ex4-1 的运行结果

ex4-2 的运行结果如图 4-3 所示。

图 4-3　ex4-2 的运行结果

ex4-3 的运行结果如图 4-4 所示。

图 4-4　ex4-3 的运行结果

ex4-4 的运行结果如图 4-5 所示。

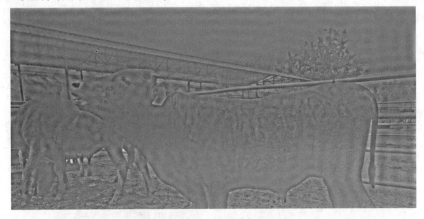

图 4-5　ex4-4 的运行结果

ex4-5 的运行结果如图 4-6 所示。

图 4-6　ex4-5 的运行结果

ex4-6 的运行结果如图 4-7 所示。

图 4-7　ex4-6 的运行结果

ex4-7 的运行结果如图 4-8 所示。

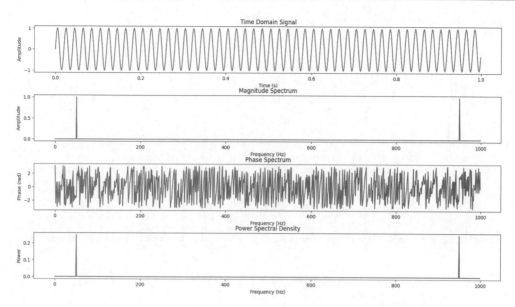

图 4-8　ex4-7 的运行结果

ex4-8 的运行结果如图 4-9~图 4-12 所示。

图 4-9　原图

图 4-10　可视化幅度谱

图 4-11　可视化相位谱

图 4-12　可视化功率谱

ex4-9 的运行结果如图 4-13 所示。

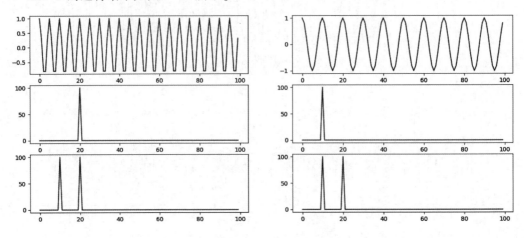

图 4-13　ex4-9 的运行结果

ex4-10 的运行结果如图 4-14 所示。

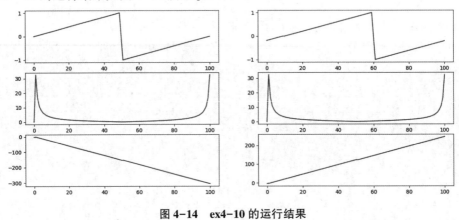

图 4-14　ex4-10 的运行结果

## ▶▶▶ 4.2 低通滤波器 ▶▶▶

### 4.2.1 案例基本信息

(1) 案例名称：低通滤波器。
(2) 案例涉及的基本理论知识点。
低通滤波器容许低于截止频率的信号通过，但高于截止频率的信号不能通过。
理想低通滤波是滤掉高频部分，仅允许低频通过，以去掉噪声，平滑图像。其将图像进行傅里叶变换，将低频移至中心。在频域中进行处理，首先计算理想低通滤波器，然后将其与傅里叶频谱相乘。
二维理想高通滤波器的频域表达式为

$$H(u,v) = \begin{cases} 1, & D(u,v) \leq D_0 \\ 0, & D(u,v) > D_0 \end{cases} \tag{4-2}$$

其中，$D_0$ 表示通带的半径。$D(u, v)$ 表示两点间的距离，其公式为

$$D(u, v) = \sqrt{\left(u - \frac{P}{2}\right)^2 + \left(v - \frac{Q}{2}\right)^2} \qquad (4-3)$$

填充零后的图像大小是 $P×Q$。频域图像增强是将图像通过变换函数从空间域转换到频域，在频域里对图像进行滤波处理实现图像增强，再由逆变换函数转换回空间域图像的过程。巴特沃思滤波是频域滤波图像增强的一种。巴特沃思滤波器的频域表达式为

$$H(u, v) = \frac{1}{1 + [D(u, v)/D_0]^{2n}} \qquad (4-4)$$

同样地，$D_0$ 表示通带的半径，$n$ 表示巴特沃思滤波器的次数。随着次数的增加，振铃现象会越来越明显。

高斯滤波器是一种线性滤波器，能够有效抑制噪声，平滑图像。其作用原理和均值滤波器类似，都是取滤波器窗口内的像素的均值作为输出。高斯滤波器的频域表达式为

$$H(u, v) = e^{\frac{-D^2(u, v)}{2D_0^2}} \qquad (4-5)$$

其中，$D_0$ 表示通带的半径。高斯滤波器的过渡特性非常平坦，因此不会产生振铃现象。

(3)案例使用的平台、语言及库函数如下。

平台：PyCharm。

语言：Python。

库函数：numpy、matplotlib、opencv。

### 4.2.2 案例设计方案

本案例通过低通滤波器来对牛的数据图像进行处理。

### 4.2.3 案例数据及代码

(1)案例数据样例或数据集如图 4-15 所示。

图 4-15　案例数据样例或数据集

(2)案例代码。

ex4-11：这段代码利用 Python 的 numpy 库实现了 3 种频域滤波器：理想低通滤波器

(Ideal Low Pass Filter，ILPF)、巴特沃思低通滤波器(Butterworth Low Pass Filter，FBLPF)和高斯低通滤波器(Gaussian Low Pass Filter，GLPF)。函数frequency_filter是频域滤波器的核心函数，实现了对灰度图像的傅里叶变换和频域滤波，并通过反变换和取实部来进行反变换。

```python
import numpy as np
import cv2 as cv
image=cv. imread('E:/2.jpg')
#print(image. shape)
image=cv. cvtColor(image,cv. COLOR_BGR2GRAY)#灰度图像
def frequency_filter(image ,filter):
    """
    :param image:
    :param filter: 频域变换函数
    :return:
    """
    fftImg=np. fft. fft2(image) #对图像进行傅里叶变换
    fftImgShift=np. fft. fftshift(fftImg)#傅里叶变换后坐标移动到图像中心
    handle_fftImgShift1=fftImgShift*filter#对傅里叶变换后的图像进行频域变换
    handle_fftImgShift2=np. fft. ifftshift(handle_fftImgShift1)
    handle_fftImgShift3=np. fft. ifft2(handle_fftImgShift2)
    handle_fftImgShift4=np. real(handle_fftImgShift3)#傅里叶逆变换后取频域
    return np. uint8(handle_fftImgShift4)
def ILPF(image,d0):#理想低通滤波器
    H=np. empty_like(image,dtype=float)
    M,N=image. shape
    mid_x=int(M/2)
    mid_y=int(N/2)
    for y in range(0, M):
        for x in range(0,N):
            d=np. sqrt((x-mid_x)**2+(y-mid_y)**2)
            if d <=d0:
                H[y, x]=1
            else:
                H[y, x]=0
    return H
def BLPF(image,d0,n):#巴特沃思低通滤波器
    H=np. empty_like(image,float)
    M,N=image. shape
    mid_x=int(M/2)
    mid_y=int(N/2)
```

```
for y in range(0, M):
    for x in range(0, N):
        d=np. sqrt((x- mid_x)**2+(y- mid_y)**2)
        H[y,x]=1/(1+(d/d0)**(n))
return H
def GLPF(image,d0,n):#高斯低通滤波器
    H=np. empty_like(image,float)
    M, N=image. shape
    mid_x=M/2
    mid_y=N/2
    for x in range(0, M):
        for y in range(0, N):
            d=np. sqrt((x- mid_x)**2+(y- mid_y)**2)
            H[x, y]=np. exp(- d**n/(2*d0**n))
    return H
cv. namedWindow('Img')
cv. resizeWindow('Img',(20,20))
cv. imshow('Img',frequency_filter(image,ILPF(image,70)))
cv. namedWindow('Img2')
cv. resizeWindow('Img2',(20,20))
cv. imshow('Img2',frequency_filter(image,BLPF(image,50,n=2)))
cv. imshow('Img',image)
cv. namedWindow('Img3')
cv. resizeWindow('Img3',(20,20))
cv. imshow('Img3',frequency_filter(image,GLPF(image,90,n=2)))
cv. waitKey()
```

（3）案例代码的运行结果。

理想低通滤波器处理结果如图4-16所示。

图4-16　理想低通滤波器处理结果

巴特沃思低通滤波器处理结果如图4-17所示。

图 4-17 巴特沃思低通滤波器处理结果

高斯低通滤波器处理结果如图 4-18 所示。

图 4-18 高斯低通滤波器处理结果

## ▶▶▶ 4.3 高通滤波器 ▶▶▶

### 4.3.1 案例基本信息

（1）案例名称：高通滤波器。

（2）案例涉及的基本理论知识点。

高通滤波器又称低截止滤波器、低阻滤波器，是允许高于某一截止频率的信号通过，而大大衰减较低频率信号的一种滤波器。它去掉了信号中不必要的低频成分，或者说去掉了低频干扰。

① 理想高通滤波器：在频域中增强图像的高频成分，同时抑制低频成分。

② 巴特沃思高通滤波器：电子滤波器的一种，也被称作最大平坦滤波器。其特点是通频带内的频率响应曲线最大限度平坦，没有纹波，而在阻频带逐渐下降为 0。

③ 高斯高通滤波器：参考 4.2 节对高斯滤波器的介绍。

（3）案例使用的平台、语言及库函数如下。

平台：PyCharm。

语言：Python。

库函数：numpy、matplotlib、opencv。

### 4.3.2 案例设计方案

本案例通过高通滤波器来对牛的数据图像进行处理。

### 4.3.3 案例数据及代码

(1)案例数据样例或数据集如图 4-19 所示。

**图 4-19　案例数据样例或数据集**

(2)案例代码。

ex4-12：频域滤波器的应用。

```
import numpy as np
import cv2 as cv
image=cv. imread('E:/2.jpg')
#print(image. shape)
image=cv. cvtColor(image,cv. COLOR_BGR2GRAY)#灰度图像
#print(image. shape)
def frequency_filter(image ,filter):
    """
    :param image:
    :param filter: 频域变换函数
    :return:
    """
    fftImg=np. fft. fft2(image) #对图像进行傅里叶变换
    fftImgShift=np. fft. fftshift(fftImg)#傅里叶变换后坐标移动到图像中心
    handle_fftImgShift1=fftImgShift*filter#对傅里叶变换后的图像进行频域变换
    handle_fftImgShift2=np. fft. ifftshift(handle_fftImgShift1)
    handle_fftImgShift3=np. fft. ifft2(handle_fftImgShift2)
    handle_fftImgShift4=np. real(handle_fftImgShift3)#傅里叶逆变换后取频域
    return np. uint8(handle_fftImgShift4)
def IHPF(image,d0):#理想高通滤波器
    H=np. empty_like(image,dtype=float)
```

```python
    M,N=image.shape
    mid_x=int(M/2)
    mid_y=int(N/2)
    for y in range(0, M):
        for x in range(0,N):
            d=np.sqrt((x-mid_x)**2+(y-mid_y)**2)
            if d<=d0:
                H[y, x]=0
            else:
                H[y, x]=1
    return H
def BHPF(image,d0,n):#巴特沃思高通滤波器
    H=np.empty_like(image,float)
    M,N=image.shape
    mid_x=int(M/2)
    mid_y=int(N/2)
    for y in range(0, M):
        for x in range(0, N):
            d=np.sqrt((x-mid_x)**2+(y-mid_y)**2)
            H[y,x]=1-1/(1+(d/d0)**(n))
    return H
def GHPF(image,d0,n):#高斯高通滤波器
    H=np.empty_like(image,float)
    M, N=image.shape
    mid_x=M/2
    mid_y=N/2
    for x in range(0, M):
        for y in range(0, N):
            d=np.sqrt((x-mid_x)**2+(y-mid_y)**2)
            H[x, y]=1-np.exp(-d**n/(2*d0**n))
    return H
cv.namedWindow('Img')
cv.resizeWindow('Img',(20,20))
cv.imshow('Img',frequency_filter(image,IHPF(image,70)))
cv.namedWindow('Img2')
cv.resizeWindow('Img2',(20,20))
cv.imshow('Img2',frequency_filter(image,BHPF(image,50,n=2)))
cv.namedWindow('Img3')
cv.resizeWindow('Img3',(20,20))
cv.imshow('Img3',frequency_filter(image,GHPF(image,90,n=2)))
cv.waitKey()
```

(3)案例代码的运行结果。

理想高通滤波器处理结果如图 4-20 所示。

图 4-20　理想高通滤波器处理结果

巴特沃思高通滤波器处理结果如图 4-21 所示。

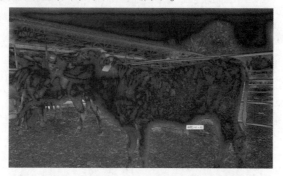

图 4-21　巴特沃思高通滤波器处理结果

高斯高通滤波器处理结果如图 4-22 所示。

图 4-22　高斯高通滤波器处理结果

### 小思考

1. 傅里叶变换中的频域和时域分别代表什么？
2. 如何使用傅里叶变换将时域信号转换为频域信号？
3. 噪声可以分为哪几种类型？如何通过频域滤波对这些类型的噪声进行处理？
4. 如何通过频域滤波增强数字图像的细节？

## 本章小结

本章主要介绍了图像处理中频域滤波的基本原理、实现方法和应用技巧。通过使用 Python 中的 opencv、numpy 和 matplotlib 库,本章实现了对灰度图像的傅里叶变换、频域滤波处理和傅里叶逆变换,并展示了正弦波信号和三角波信号的傅里叶分析和相移操作的效果。同时,本章介绍了 DFT 和 FFT 两种傅里叶变换方法。

在具体的滤波器方面,本章分别介绍了低通滤波器和高通滤波器的基本理论知识和实现方法,包括理想低通滤波器、巴特沃思低通滤波器、高斯低通滤波器、理想高通滤波器、巴特沃思高通滤波器和高斯高通滤波器。

总的来说,本章的内容比较深入,旨在帮助读者更好地了解频域滤波的原理和应用,同时掌握 Python 实现频域滤波的基本方法。对于数字图像处理领域的从业者、学生和研究者来说,这些知识点是非常有用的,也是理解图像处理中频域操作的关键。

## 本章习题

1. 傅里叶变换将图像从空间域转换到哪个域?(　　)
   A. 颜色域　　　　　　　　　　B. 频域
   C. 时域　　　　　　　　　　　D. 滤波域
2. 理想低通滤波器的滤波器函数形状是什么?(　　)
   A. 矩形　　　　　　　　　　　B. 常数
   C. 三角形　　　　　　　　　　D. 圆形
3. 在 Python 中实现图像的傅里叶变换需要用到哪个库?(　　)
   A. tensorflow　　　　　　　　B. scikit-learn
   C. numpy　　　　　　　　　　D. pandas
4. 以下哪种方法可以将频域图像从频域转换回空间域?(　　)
   A. 傅里叶逆变换　　　　　　　B. 高斯滤波
   C. Sobel 算子　　　　　　　　 D. Canny 边缘检测
5. 巴特沃思滤波器的参数与频率响应之间的关系是什么?(　　)
   A. 参数越小,频率响应越尖锐
   B. 参数越小,频率响应越平滑
   C. 参数越大,频率响应越尖锐
   D. 参数越大,频率响应越平滑
6. 低通滤波器可以被用于_____。
7. 图像的频域滤波处理需要将像素值进行_____和逆变换,得到结果图像。
8. _____是指将图像进行傅里叶变换后,观察其在频域上的特性。
9. 巴特沃思低通滤波器的实现方法是通过设计一个_____来控制滤波器的效果。
10. 在频域上进行滤波操作的过程中,需要将图像经过_____转换到频域上。
11. 高通滤波器可以用于增强图像的_____。
12. 什么是频域滤波器?常见的频域滤波器有哪些?它们的作用分别是什么?

13. 什么是傅里叶变换？它是如何实现的？其应用在哪些领域？

## 习题答案

1. B  2. D  3. C  4. A  5. A
6. 图像平滑处理  7. 图像边缘检测处理  8. 频谱分析  9. 截止频率  10. 滤波器
11. 边缘信息
12. 频域滤波器是一种基于图像的频率分量进行过滤的图像处理技术。常见的频域滤波器包括低通滤波器和高通滤波器，它们的作用分别是过滤图像的低频和高频成分。低通滤波器可以对图像进行平滑操作，去除噪声和纹理细节；高通滤波器可以强化图像中的边缘和纹理细节，增加图像的清晰度和锐度。
13. 傅里叶变换是将时间(或空间)域下的信号转换到频域进行分析和处理的数学工具，在图像处理中被广泛使用。傅里叶变换的实现可以通过图像的离散傅里叶变换(DFT)或快速傅里叶变换(FFT)实现。它在信号分析、通信、图像处理、音频等领域都有广泛应用。

# 第 5 章 Python 实现图像复原

## 章前引言

图像复原是指从损坏、模糊或受到噪声污染的图像中恢复出原始图像的过程。滤波器在图像处理中起到了重要的作用,通过选择不同类型的滤波器并调整参数,可以实现不同的图像复原效果。本章将介绍各种均值滤波器、各种统计排序滤波器、自适应滤波器、带阻滤波器、带通滤波器以及陷波滤波器,将通过案例代码及其运行结果来展示这些方法的效果,并讨论它们在不同场景下的应用。

## 教学目的与要求

1. 帮助学生理解图像复原的概念和原理,以及复原算法的基本思路和方法。

2. 提高学生的编程能力和实际应用能力,让其能够熟练使用 Python 和相关工具库进行图像处理与分析。

3. 培养学生的创新思维和解决问题的能力,让其能够独立思考和解决实际问题。

4. 增强学生的实验操作能力和实验设计能力,让其能够熟练掌握实验流程和实验技巧。

## 学习目标

1. 掌握各种均值滤波器(算术均值滤波器、几何均值滤波器、谐波均值滤波器、逆谐波均值滤波器)。

2. 掌握各种统计排序滤波器(中值滤波器、最大值滤波器、最小值滤波器、中点滤波器、修正后的阿尔法均值滤波器)。

3. 掌握自适应滤波器。

4. 了解带阻滤波器、带通滤波器、陷波滤波器。

# 学习难点

1. 滤波器参数的选择：不同的滤波器需要选择不同的参数，如卷积核大小、滤波器类型、截止频率等。若滤波器的参数选择不当，则会导致图像失真或不能恢复到原来的样子。
2. 噪声的类型和强度：不同类型和强度的噪声对滤波器的效果有不同的影响。需要对噪声进行准确的模型建立和分析，选择适当的滤波器。
3. 图像的复杂度：对于复杂的图像，如含有多个物体、纹理复杂等的图像，滤波器的效果会受到影响。需要考虑如何在保持图像细节的同时去除噪声。
4. 滤波器的实现：不同的滤波器有不同的实现方式，如频域滤波、时域滤波等。需要选择合适的实现方式，同时掌握相应的算法。
5. 滤波器的效果评估：需要对滤波器的效果进行准确的评估和比较，如均方误差、峰值信噪比(PSNR)等指标；同时需要考虑滤波器的运行时间和内存占用等方面的性能指标。

# 素养目标

1. 深化职业理想和职业道德教育：主动求知、知难而进、敢于思考，不断创新的精神。
2. 提高学生的科研能力和论文写作能力，让学生能够撰写高质量的科研论文和技术报告。

## 5.1 实现各种均值滤波器复原图像

### 5.1.1 案例基本信息

（1）案例名称：实现各种均值滤波器复原图像。
（2）案例涉及的基本理论知识点。

均值滤波器是一种常用的滤波器，用于去除图像中的噪声。它的基本思想是用一个局部窗口内像素值的均值代替该窗口内的中心像素值，从而达到去噪的目的。均值滤波器有4种：算术均值滤波器、几何均值滤波器、谐波均值滤波器、逆谐波均值滤波器。其中，算术均值滤波器和几何均值滤波器适合处理高斯或均匀等随机噪声；谐波均值滤波器适合处理脉冲噪声，但必须事先知道噪声是暗噪声还是亮噪声，以便于选择合适的 $Q$ 值；而逆谐波均值滤波器适合降低或消除椒盐噪声。

① 算术均值滤波器用局部窗口内像素值的均值代替中心像素值，公式为

$$\hat{f}(x, y) = \frac{1}{nm} \sum_{(s, t) \in S_{xy}} g(s, t) \qquad (5-1)$$

其中，$S_{xy}$ 表示中心在 $(x, y)$、尺寸为 $m \times n$ 的矩形窗口。

算术均值滤波器平滑了一幅图像的局部变化，在模糊结果的同时减少了噪声。

② 几何均值滤波器用局部窗口内像素值的几何均值代替中心像素值，公式为

$$\hat{f}(x, y) = \left[ \prod_{(s, t) \in S_{xy}} g(s, t) \right]^{\frac{1}{mn}} \qquad (5-2)$$

其中，$S_{xy}$ 表示中心在 $(x, y)$、尺寸为 $m×n$ 的矩形窗口。

几何均值滤波器所达到的平滑度可以与算术均值滤波器相比，但其在滤波过程中与算术均值滤波器相比，会丢失更少的图像细节，所以会相对锐化。

③谐波均值滤波器用局部窗口内像素值的倒数的均值代替中心像素，公式为

$$\hat{f}(x, y) = \frac{nm}{\sum_{(s, t) \in S_{xy}} \frac{1}{g(s, t)}} \tag{5-3}$$

其中，$S_{xy}$ 表示中心在 $(x, y)$、尺寸为 $m×n$ 的矩形窗口。

谐波均值滤波器适用于处理盐噪声、高斯噪声等，但不适用于处理胡椒噪声。

④逆谐波均值滤波器的公式为

$$\hat{f}(x, y) = \frac{\sum_{(s, t) \in S_{xy}} g(s, t)^{Q+1}}{\sum_{(s, t) \in S_{xy}} g(s, t)^Q} \tag{5-4}$$

其中，$S_{xy}$ 表示中心在 $(x, y)$、尺寸为 $m×n$ 的矩形窗口；$Q$ 为滤波器的阶数。当 $Q$ 为正数时，用于消除胡椒噪声；当 $Q$ 为负数时，用于消除盐噪声，但不能同时消除椒盐噪声；当 $Q=0$ 时，逆谐波均值滤波器转换为算术均值滤波器；当 $Q=-1$ 时，逆谐波均值滤波器转换为谐波均值滤波器。

(3)案例使用的平台、语言及库函数如下。

平台：PyCharm。

语言：Python。

库函数：numpy、matplotlib、opencv。

### 5.1.2 案例设计方案

本案例通过各种均值滤波器对牛的数据图像进行处理。

### 5.1.3 案例数据及代码

(1)案例数据样例或数据集如图 5-1 所示。

图 5-1　案例数据样例或数据集

(2）案例代码。

ex5-1：算术均值滤波器。

```python
import cv2
import numpy as np
from matplotlib import pyplot as plt
#算术均值滤波器
def arithmentic_mean(image, kernel):
    """
    定义算术均值滤波器, math: $ $ \hat{f}(x, y) = \frac{1}{mn} \sum_{(r,c)\in S_{xy}} g(r,c) $ $
    param image: 输入图像
    param kernel: 输入核,实际使用核形状
    return: 算术均值滤波后的图像
    """
    img_h = image.shape[0]
    img_w = image.shape[1]
    m, n = kernel.shape[:2]
    padding_h = int((m-1)/2)
    padding_w = int((n-1)/2)
    #这样的填充方式,奇数核或偶数核都能正确填充
    image_pad = np.pad(image, ((padding_h, m-1-padding_h), \
        (padding_w, n-1-padding_w)), mode="edge")
    image_mean = image.copy()
    for i in range(padding_h, img_h+padding_h):
        for j in range(padding_w, img_w+padding_w):
            temp = np.sum(image_pad[i-padding_h:i+padding_h+1, j-padding_w:j+padding_w+1])
            image_mean[i-padding_h][j-padding_w] = 1/(m*n)* temp
    return image_mean
#几何均值滤波器
def geometric_mean(image, kernel):
    """
    定义几何均值滤波器, math: $ $ \hat{f}(x, y) = \Bigg[\prod_{(r,c)\in S_{xy}} g(r,c) \Bigg]^{\frac{1}{mn}} $ $
    param image: 输入图像
    param kernel: 输入核,实际使用核形状
    return: 几何均值滤波后的图像
    """
    img_h = image.shape[0]
    img_w = image.shape[1]
    m, n = kernel.shape[:2]
    order = 1/(kernel.size)
    padding_h = int((m-1)/2)
    padding_w = int((n-1)/2)
```

```python
        #这样的填充方式,奇数核或偶数核都能正确填充
        image_pad=np.pad(image.copy(), ((padding_h, m-1-padding_h), \
        (padding_w, n-1-padding_w)), mode="edge")
        image_mean=image.copy()
        #这里要指定数据类型,指定是uint64或float64,结果都不正确,反而乘以1.0,也是float64,却让结果
正确
        for i in range(padding_h, img_h+padding_h):
            for j in range(padding_w, img_w+padding_w):
                prod=np.prod(image_pad[i-padding_h:i+padding_h+1, j-padding_w:j+padding_w+1]*1.0)
                image_mean[i-padding_h][j-padding_w]=np.power(prod, order)
        return image_mean
    #谐波均值滤波器
    def harmonic_mean(image, kernel):
        """
        定义谐波均值滤波器, math: $$ \hat{f}(x, y)=\Bigg[\prod_{(r,c)\in S_{xy}} g(r,c) \Bigg]^{\frac{1}{mn}} $$
        param image: 输入图像
        param kernel: 输入核,实际使用核形状
        return: 谐波均值滤波后的图像
        """
        epsilon=1e-8
        img_h=image.shape[0]
        img_w=image.shape[1]
        m, n=kernel.shape[:2]
        order=kernel.size
        padding_h=int((m-1)/2)
        padding_w=int((n-1)/2)
        #这样的填充方式,奇数核或偶数核都能正确填充
        image_pad=np.pad(image.copy(), ((padding_h, m-1-padding_h), \
        (padding_w, n-1-padding_w)), mode="edge")
        image_mean=image.copy()
        #这里要指定数据类型,指定是uint64或float64,结果都不正确,反而乘以1.0,也是float64,却让结果
正确
        #要加上epsilon,防止除0
        for i in range(padding_h, img_h+padding_h):
            for j in range(padding_w, img_w+padding_w):
                temp=np.sum(
                1/(image_pad[i-padding_h:i+padding_h+1, j-padding_w:j+padding_w+1]*1.0+epsilon))
                image_mean[i-padding_h][j-padding_w]=order/temp
        return image_mean
    #逆谐波均值滤波器
```

```python
def inverse_harmonic_mean(image, kernel, Q=0):
    """
    定义逆谐波均值滤波器 math: $ $ \hat{f}(x, y)=\frac{\sum_{(r,c)\in S_{xy}} g(r,c)^{Q+1}}{\sum_{(r,c)\in S_{xy}} g(r,c)^Q} $ $
    param image: 输入图像
    param kernel: 输入核,实际使用核形状
    param Q: 滤波器的输入阶数,默认为0,代表算术均值滤波器,而为-1代表谐波平均滤波器
    return: 逆谐波均值滤波后的图像
    """
    epsilon = 1e-8
    img_h = image.shape[0]
    img_w = image.shape[1]
    m, n = kernel.shape[:2]
    padding_h = int((m-1)/2)
    padding_w = int((n-1)/2)
    #这样的填充方式,奇数核或偶数核都能正确填充
    image_pad = np.pad(image.copy(), ((padding_h, m-1-padding_h), \
        (padding_w, n-1-padding_w)), mode="edge")
    image_mean = image.copy()
    #这里要指定数据类型,指定是uint64 或 float64,结果都不正确,反而乘以1.0,也是float64,却让结果正确
    #要加上 epsilon,防止除0
    for i in range(padding_h, img_h+padding_h):
        for j in range(padding_w, img_w+padding_w):
            temp = image_pad[i-padding_h:i+padding_h+1, j-padding_w:j+padding_w+1]*1.0+epsilon
            #image_mean[i-padding_h][j-padding_w]=np.sum(temp**(Q+1))/np.sum(temp**Q+epsilon)
            image_mean[i-padding_h][j-padding_w] = np.sum(np.power(temp, (Q+1)))/np.sum(
                np.power(temp, Q)+epsilon)
    return image_mean

img_ori = cv2.imread('img.png', 0)   #直接读为灰度图像
mean_kernal = np.ones([3, 3])
arithmetic_kernel = mean_kernal/mean_kernal.size
img_geometric = geometric_mean(img_ori, kernel=mean_kernal)
img_arithmentic = arithmentic_mean(img_ori, kernel=arithmetic_kernel)
img_harmonic_mean = harmonic_mean(img_ori, kernel=mean_kernal)
img_inverse_harmonic = inverse_harmonic_mean(img_ori, kernel=mean_kernal, Q=1.5)
plt.figure(figsize=(10, 10))
plt.subplot(231), plt.imshow(img_ori, 'gray'), plt.title('Original'), plt.xticks([]), plt.yticks([])
plt.subplot(232), plt.imshow(img_geometric, 'gray'), plt.title('Geomentric Mean'), plt.xticks([]), plt.yticks([])
```

```
plt. subplot(233), plt. imshow(img_arithmentic, 'gray'), plt. title('Arithmetic mean'), plt. xticks([]), plt. yticks([])
plt. subplot(234), plt. imshow(img_harmonic_mean, 'gray'), plt. title(' Harmonic mean'),plt. xticks([ ]), plt. yticks([])
plt. subplot(235), plt. imshow (img_inverse_harmonic, ' gray '), plt. title (' Inverse Harmonic Mean '), plt. xticks([]), plt. yticks([])
plt. tight_layout()
plt. show()
```

(3)案例代码的运行结果如图 5-2 所示。

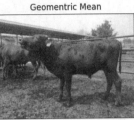
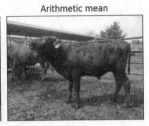

图 5-2　案例代码的运行结果

## ▶▶ 5.2　各种统计排序滤波器复原图像 ▶▶▶

### 5.2.1　案例基本信息

(1)案例名称:各种统计排序滤波器复原图像。

(2)案例涉及的基本理论知识点。

统计排序滤波器属于非线性排序滤波器,有中值滤波器、最大值滤波器、最小值滤波器、中点滤波器、修正后的阿尔法均值滤波器。

①相同尺寸下,中值滤波器比均值滤波器产生的模糊少,它对过滤单极或双极脉冲噪声非常有效。其公式为

$$\hat{f}(x, y) = \underset{(s, t) \in S_{xy}}{\mathrm{median}} \{g(s, t)\} \tag{5-5}$$

②最大值滤波器用于发现图像中的最亮点,可以有效过滤胡椒噪声,因为胡椒噪声是非常低的值。其公式为

$$\hat{f}(x, y) = \underset{(s, t) \in S_{xy}}{\max} \{g(s, t)\} \tag{5-6}$$

③最小值滤波器用于发现图像中的最暗点,可以有效过滤盐噪声,因为盐噪声是非常高的值。其公式为

$$\hat{f}(x, y) = \min_{(s, t) \in S_{xy}} \{g(s, t)\} \tag{5-7}$$

④中点滤波器结合了最大值滤波器和最小值滤波器,对于过滤高斯噪声和均匀噪声有最好的效果。其公式为

$$\hat{f}(x, y) = \frac{1}{2} \left[ \max_{(s, t) \in S_{xy}} \{g(s, t)\} + \min_{(s, t) \in S_{xy}} \{g(s, t)\} \right] \tag{5-8}$$

⑤修正后的阿尔法均值滤波器的公式为

$$\hat{f}(x, y) = \frac{1}{mn - d} \sum_{(s, t) \in S_{xy}} g_r(s, t) \tag{5-9}$$

其中,在 $S_{xy}$ 邻域内去掉 $g(s, t)$ 的 $d/2$ 个最高灰度值点和 $d/2$ 个最低灰度值点,$g_r(s, t)$ 代表剩余的 $mn - d$ 个像素。当 $d = 0$ 时,该滤波器退变为算术均值滤波器;当 $d = (mn - 1)/2$ 时,该滤波器退变为中值滤波器;当 $d$ 取其他值时,适用于包括多种噪声的情况,如高斯噪声和椒盐噪声混合的情况。

(3)案例使用的平台、语言及库函数如下。

平台:PyCharm。

语言:Python。

库函数:numpy、matplotlib、opencv。

### 5.2.2 案例设计方案

本案例通过各种统计排序滤波器对牛的数据图像进行处理。

### 5.2.3 案例数据及代码

(1)案例数据样例或数据集如图 5-3 所示。

图 5-3 案例数据样例或数据集

(2)案例代码。

ex5-2:中值、最大值、最小值、中点滤波器。

```python
import cv2
import numpy as np
from matplotlib import pyplot as plt
#中值、最大值、最小值、中点滤波器
def median_filter(image, kernel):
    """
    median filter, math: $ $ \hat{f}(x, y)=\text{median} \{g(r,c)\} $ $
    param image: 输入图像去噪
    param kernel: 输入核,实际上只使用核形状,只是想保持格式为均值滤波器
    return: 经过修改的中值滤波器后的图像
    """
    height, width=image.shape[:2]
    m, n=kernel.shape[:2]
    padding_h=int((m-1)/2)
    padding_w=int((n-1)/2)
    #这样的填充方式,奇数核或偶数核都能正确填充
    image_pad=np.pad(image, ((padding_h, m-1-padding_h), \
        (padding_w, n-1-padding_w)), mode="edge")
    image_result=np.zeros(image.shape)
    for i in range(height):
        for j in range(width):
            temp=image_pad[i:i+m, j:j+n]
            image_result[i, j]=np.median(temp)
    return image_result

def max_filter(image, kernel):
    """
    max filter, math: $ $ \hat{f}(x, y))=\text{max} \{g(r,c)\} $ $
    param image: 输入图像去噪
    param kernel: 输入核,实际上只使用核形状,只是想保持格式为均值滤波器
    return: 经过修改的最大值滤波器后的图像
    """
    height, width=image.shape[:2]
    m, n=kernel.shape[:2]
    padding_h=int((m-1)/2)
    padding_w=int((n-1)/2)
    #这样的填充方式,奇数核或偶数核都能正确填充
    image_pad=np.pad(image, ((padding_h, m-1-padding_h), \
        (padding_w, n-1-padding_w)), mode="constant", constant_values=0)
    img_result=np.zeros(image.shape)
    for i in range(height):
        for j in range(width):
            temp=image_pad[i:i+m, j:j+n]
```

```python
        img_result[i, j] = np.max(temp)
    return img_result

def min_filter(image, kernel):
    """
    min filter, math: $$ \hat{f}(x, y)=\text{min} \{g(r,c)\} $$
    param image: 输入图像去噪
    param kernel: 输入核,实际上只使用核形状,只是想保持格式为均值滤波器
    return: 经过修改的最小值滤波器后的图像
    """
    height, width = image.shape[:2]
    m, n = kernel.shape[:2]
    padding_h = int((m-1)/2)
    padding_w = int((n-1)/2)
    #这样的填充方式,奇数核或偶数核都能正确填充
    image_pad = np.pad(image, ((padding_h, m-1-padding_h), \
        (padding_w, n-1-padding_w)), mode="edge", )
    img_result = np.zeros(image.shape)
    for i in range(height):
        for j in range(width):
            temp = image_pad[i:i+m, j:j+n]
            img_result[i, j] = np.min(temp)
    return img_result

def middle_filter(image, kernel):
    """
    middle filter, math: $$ \hat{f}(x, y)=\frac{1}{2}\big[\text{max}\{g(r,c)\}+\text{min}\{g(r,c)\} \big] $$
    param image: 输入图像去噪
    param kernel: 输入核,实际上只使用核形状,只是想保持格式为均值滤波器
    return: 经过修改的中点滤波器后的图像
    """
    height, width = image.shape[:2]
    m, n = kernel.shape[:2]
    padding_h = int((m-1)/2)
    padding_w = int((n-1)/2)
    #这样的填充方式,奇数核或偶数核都能正确填充
    image_pad = np.pad(image, ((padding_h, m-1-padding_h), \
        (padding_w, n-1-padding_w)), mode="edge")
    img_result = np.zeros(image.shape)
    for i in range(height):
        for j in range(width):
            temp = image_pad[i:i+m, j:j+n]
            img_result[i, j] = int(temp.max()/2 + temp.min()/2)
```

```python
    return img_result
#修正后的阿尔法均值滤波器
def modified_alpha_mean(image, kernel, d=0):
    """
    modified alpha filter, math: $$ \hat{f}(x, y)=\frac{1}{mn-d} \sum g(r,c) $$
    param image: 输入图像去噪
    param kernel: 输入核,实际上只使用核形状,只是想保持格式为均值滤波器
    param d: 输入 int,取值范围从 0 到 mn
    return: 经过修改的阿尔法滤波器后的图像
    """
    height, width=image.shape[:2]
    m, n=kernel.shape[:2]
    padding_h=int((m-1)/2)
    padding_w=int((n-1)/2)
    #这样的填充方式,奇数核或偶数核都能正确填充
    image_pad=np.pad(image, ((padding_h, m-1-padding_h), \
        (padding_w, n-1-padding_w)), mode="edge")
    img_result=np.zeros(image.shape)
    for i in range(height):
        for j in range(width):
            temp=np.sum(image_pad[i:i+m, j:j+n]*1)
            img_result[i, j]=temp/(m*n-d)
    return img_result
#修正后的阿尔法滤波器处理高斯噪声
img_ori=cv2.imread('img.png', 0) #直接读为灰度图像
kernel=np.ones([3, 3])
img_median=median_filter(img_ori, kernel=kernel)
img_max=max_filter(img_ori, kernel=kernel)
img_min=min_filter(img_ori, kernel=kernel)
img_middle=middle_filter(img_ori, kernel=kernel)
img_alpha_d_05=modified_alpha_mean(img_ori, kernel, d=0.5)
plt.figure(figsize=(10, 10))
plt.subplot(231), plt.imshow(img_ori, 'gray'), plt.title('Original'), plt.xticks([]), plt.yticks([])
plt.subplot(232), plt.imshow(img_median, 'gray'), plt.title('Median filter'), plt.xticks([]),plt.yticks([])
plt.subplot(233), plt.imshow(img_max, 'gray'), plt.title('Max filter'), plt.xticks([]), plt.yticks([])
plt.subplot(234), plt.imshow(img_min, 'gray'), plt.title('Min filter'), plt.xticks([]), plt.yticks([])
plt.subplot(235), plt.imshow(img_middle, 'gray'), plt.title('Middle filter'), plt.xticks([]), plt.yticks([])
plt.subplot(236), plt.imshow(img_alpha_d_05, 'gray'), plt.title('Modified alpha d=0.5'), plt.xticks([]), plt.yticks([])
plt.tight_layout()
plt.show()
```

(3)案例代码的运行结果如图 5-4 所示。

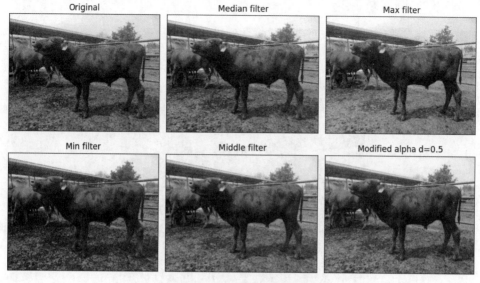

图 5-4 案例代码的运行结果

## 5.3 实现自适应滤波器复原图像

### 5.3.1 案例基本信息

(1)案例名称:实现自适应滤波器复原图像。

(2)案例涉及的基本理论知识点。

自适应滤波器的行为变化基于由尺寸为 $m \times n$ 的矩形窗口 $S_{xy}$ 定义的区域内图像的统计特性。与前述滤波器相比,自适应滤波器的性能更优,但也增加了算法的复杂性。其包括自适应局部噪声消除滤波器和自适应中值滤波器。

①自适应局部噪声消除滤波器:作用于局部区域 $S_{xy}$,其响应基于以下 3 个统计量。

$\sigma_\eta^2$——噪声方差。

$m_L$——在 $S_{xy}$ 中像素的局部均值。

$\sigma_L^2$——在 $S_{xy}$ 中像素的局部方差。

自适应局部噪声消除滤波器的公式为

$$\hat{f}(x, y) = g(x, y) - \frac{\sigma_\eta^2}{\sigma_L^2}[g(x, y) - m_L], \quad \forall \sigma_\eta^2 \leq \sigma_L^2 \qquad (5\text{-}10)$$

其中,唯一需要知道或估计的未知量是噪声方差;其他参数可以从 $S_{xy}$ 中的像素计算出来。

②自适应中值滤波器:传统中值滤波器只能处理空间密度不大的冲激噪声,而自适应中值滤波器可以处理具有更大概率的冲激噪声。自适应中值滤波器可以在平滑非冲激噪声时保存细节,而传统中值滤波器无法做到。

(3)案例使用的平台、语言及库函数如下。

平台:PyCharm。

语言:Python。

库函数:numpy、matplotlib、opencv。

### 5.3.2 案例设计方案

本案例通过自适应滤波器来对牛的数据图像进行处理。

### 5.3.3 案例数据及代码

(1) 案例数据样例或数据集如图 5-5 所示。

图 5-5　案例数据样例或数据集

(2) 案例代码。

ex5-3：传统中值滤波器。

```python
import cv2 as cv
import numpy as np
#将彩色图像转换为灰度图像并添加椒盐噪声
def AddNoise(path, probility):
    image=cv.imread(path, 0)    #直接以灰度图像读取
    cv.imwrite('gray.jpg', image)   #保存灰度图像
    height, width=image.shape[:2]
    for i in range(height):
        for j in range(width):
            if np.random.random(1) < probility:
                if np.random.random(1) < 0.5:
                    image[i, j]=0
                else:
                    image[i, j]=255
    cv.imwrite('graynoise.jpg', image)   #保存已添加椒盐噪声的图像
    return image
def auto_deal(src, i, j, Smin, Smax):
    filter_size=Smin   #将窗口尺寸先设定为最小窗口
    kernelSize=filter_size
    win=src[i- kernelSize:i+kernelSize+1, j- kernelSize:j+kernelSize+1]   #窗口矩阵
    Zmin=np.min(win)
    Zmax=np.max(win)
```

```
Zmed=np.median(win)
Zxy=src[i,j]    #i、j 处的像素值
if (Zmed > Zmin) and (Zmed < Zmax):    #A 层次
    if (Zxy > Zmin) and (Zxy < Zmax):    #转到B 层次
        return Zxy
    else:
        return Zmed
else:
    filter_size=filter_size+1    #增大窗口尺寸再进行判断
    if filter_size <=Smax:
        return auto_deal(src, i, j, filter_size, Smax)
    else:    #窗口尺寸过大返回中值
        return Zmed
def auto_med_filter(img, Smin, Smax):
    borderSize=Smax
    src=cv.copyMakeBorder(img, borderSize, borderSize, borderSize, borderSize, cv.BORDER_REFLECT)
    #寻找图像上的每一个像素点
    for m in range(borderSize, src.shape[0]-borderSize):
        for n in range(borderSize, src.shape[1]-borderSize):
            src[m, n]=auto_deal(src, m, n, Smin, Smax)
    img1=src[borderSize:borderSize+img.shape[0], borderSize:borderSize+img.shape[1]]
    return img1
if __name__=='__main__':
    img=AddNoise('img.png', 0.4)
    img_auto_filter=auto_med_filter(img, 2, 7)
    cv.imwrite('img1_auto_filter.jpg', img_auto_filter)
import cv2
import numpy as np
import matplotlib.pyplot as plt
```

ex5-4：自适应中值滤波器。

```
img=cv2.imread("img.png", 0)    #flags=0 读取为灰度图像
hImg=img.shape[0]
wImg=img.shape[1]
m, n=5, 5
imgAriMean=cv2.boxFilter(img,-1, (m, n))    #算术均值滤波
#边缘填充
hPad=int((m-1)/2)
wPad=int((n-1)/2)
imgPad=np.pad(img.copy(), ((hPad, m-hPad-1), (wPad, n-wPad-1)), mode="edge")
#估计原始图像的噪声方差 sigmaEta
mean, stddev=cv2.meanStdDev(img)
sigmaEta=stddev**2
print(sigmaEta)
#自适应局部降噪
```

```python
epsilon=1e-8
imgAdaLocal=np.zeros(img.shape)
for i in range(hImg):
    for j in range(wImg):
        pad=imgPad[i:i+m, j:j+n]    #邻域 Sxy, m*n
        gxy=img[i, j]    #含噪声图像的像素点
        zSxy=np.mean(pad)    #局部平均灰度
        sigmaSxy=np.var(pad)    #灰度的局部方差
        rateSigma=min(sigmaEta/(sigmaSxy+epsilon), 1.0)    #加性噪声假设：sigmaEta/sigmaSxy < 1
        imgAdaLocal[i, j]=gxy-rateSigma*(gxy-zSxy)
plt.figure(figsize=(9, 6))
plt.subplot(131), plt.axis('off'), plt.title("Original")
plt.imshow(img, cmap='gray', vmin=0, vmax=255)
plt.subplot(132), plt.axis('off'), plt.title("Arithmentic mean filter")
plt.imshow(imgAriMean, cmap='gray', vmin=0, vmax=255)
plt.subplot(133), plt.axis('off'), plt.title("Adaptive local filter")
plt.imshow(imgAdaLocal, cmap='gray', vmin=0, vmax=255)
plt.tight_layout()
plt.show()
```

(3) 案例代码的运行结果。

ex5-3 的运行结果如图 5-6 所示。

图 5-6　ex5-3 的运行结果

ex5-4 的运行结果如图 5-7 所示。

图 5-7　ex5-4 的运行结果

## 5.4 带阻滤波器

### 5.4.1 案例基本信息

(1) 案例名称：带阻滤波器。

(2) 案例涉及的基本理论知识点。

带阻滤波器阻止一定频率范围内的信号通过而允许其他频率范围内的信号通过，可以在频域噪声分量的一般位置近似已知的应用中消除噪声，可以去除周期性噪声。其对单频噪声效果好，对多频干扰无效。带阻滤波器有理想带阻滤波器、巴特沃思带阻滤波器和高斯带阻滤波器。带阻滤波器应尽量"尖锐""窄"，以便尽可能少地削减细节。

(3) 案例使用的平台、语言及库函数如下。

平台：PyCharm。

语言：Python。

库函数：numpy、matplotlib、opencv、os、math。

### 5.4.2 案例设计方案

本案例通过带阻滤波器对牛的数据图像进行处理。

### 5.4.3 案例数据及代码

(1) 案例数据样例或数据集如图 5-8 所示。

图 5-8　案例数据样例或数据集

(2) 案例代码。

ex5-5：带阻滤波器。

```
import math
import os
import numpy as np
import cv2
```

```python
import matplotlib.pyplot as plt
plt.rcParams['font.sans-serif']=['SimHei']
plt.rcParams['axes.unicode_minus']=False
def bandstop_filter(image, radius, w, n=1):
    """
    带阻滤波器
    :param image: 输入图像
    :param radius: 带中心到频率平面原点的距离
    :param w: 带宽
    :param n: 阶数
    :return: 滤波结果
    """
    #对图像进行傅里叶变换,fft是一个三维数组,fft[:, :, 0]为实数部分,fft[:, :, 1]为虚数部分
    fft=cv2.dft(np.float32(image), flags=cv2.DFT_COMPLEX_OUTPUT)
    #对fft进行中心化,生成的dshift仍然是一个三维数组
    dshift=np.fft.fftshift(fft)
    #得到中心像素
    rows, cols=image.shape[:2]
    mid_row, mid_col=int(rows/2), int(cols/2)
    #构建掩模,256位,两个通道
    mask=np.zeros((rows, cols, 2), np.float32)
    for i in range(0, rows):
        for j in range(0, cols):
            #计算(i, j)到中心点的距离
            d=math.sqrt(pow(i-mid_row, 2)+pow(j-mid_col, 2))
            if radius-w/2 < d < radius+w/2:
                mask[i, j, 0]=mask[i, j, 1]=0
            else:
                mask[i, j, 0]=mask[i, j, 1]=1
    #给傅里叶变换结果乘以掩模
    fft_filtering=dshift*np.float32(mask)
    #傅里叶逆变换
    ishift=np.fft.ifftshift(fft_filtering)
    image_filtering=cv2.idft(ishift)
    image_filtering=cv2.magnitude(image_filtering[:, :, 0], image_filtering[:, :, 1])
    #对逆变换结果进行归一化(一般对图像处理的最后一步都要进行归一化,特殊情况除外)
    cv2.normalize(image_filtering, image_filtering, 0, 1, cv2.NORM_MINMAX)
    return image_filtering
def put(path):
    image=cv2.imread(path, 1)
    #image=cv2.imread(os.path.join(base, path), 1)
```

```
image=cv2.cvtColor(image, cv2.COLOR_BGR2GRAY)
image_bandstop_filtering5=bandstop_filter(image, 30, 35, 1)
plt.subplot(131)
plt.axis('off')
plt.title('原始图像')
plt.imshow(image, cmap='gray')
plt.subplot(133)
plt.axis('off')
plt.imshow(image_bandstop_filtering5, 'gray')
plt.title('带阻图像')
#plt.savefig('4.new.jpg')
plt.show()
#图像处理函数,要传入路径
put(r'img.png')
```

(3)案例代码的运行结果如图 5-9 所示。

原始图像

带阻图像

图 5-9  案例代码的运行结果

## 5.5  带通滤波器

### 5.5.1  案例基本信息

(1)案例名称:带通滤波器。

(2)案例涉及的基本理论知识点。

带通滤波器执行与带阻滤波器相反的操作,允许一定频率范围内的信号通过而阻止其他频率范围内的信号通过,可以提取噪声。其公式如下:

$$H_{bp}(u, v) = 1 - H_{br}(u, v) \qquad (5-11)$$

其中,$H_{bp}(u, v)$ 表示带通滤波器;$H_{br}(u, v)$ 表示相应的带阻滤波器。

带通滤波器通常不会在图像上直接应用,其主要应用于屏蔽选中频段的图像。

(3)案例使用的平台、语言及库函数如下。

平台:PyCharm。

语言:Python。

库函数:numpy、matplotlib、opencv。

### 5.5.2 案例设计方案

本案例通过带通滤波器对牛的数据图像进行处理。

### 5.5.3 案例数据及代码

(1)案例数据样例或数据集如图 5-10 所示。

图 5-10 案例数据样例或数据集

(2)案例代码

ex5-6：带通滤波器。

```
#导入工具包
import cv2
import numpy as np
import math
from matplotlib import pyplot as plt
#读取图像
img=cv2.imread('lena.jpg', 0)#0 的含义:将图像转化为单通道灰度图像
#理想带通滤波器
def ideal_bandpass_filter(img,D0,w):
    img_float32=np.float32(img)#转换为 np.float32 格式,这是 opencv 官方要求
    dft=cv2.dft(img_float32, flags=cv2.DFT_COMPLEX_OUTPUT)#傅里叶变换,得到频谱图
    dft_shift=np.fft.fftshift(dft)#将频谱图的低频部分转到中间位置,三维(263,263,2)
    rows, cols=img.shape  #得到每一维度的数量
    crow, ccol=int(rows/2), int(cols/2)   #中心像素
    mask=np.ones((rows, cols,2), np.uint8)  #对滤波器初始化,长、宽和上面的图像一样
    for i in range(0, rows):  #遍历图像上所有的点
        for j in range(0, cols):
            d=math.sqrt(pow(i-crow, 2)+pow(j-ccol, 2))  #计算(i, j)到中心点的距离
            if D0-w/2 < d < D0+w/2:
```

```python
            mask[i,j,0]=mask[i,j,1]=1
        else:
            mask[i,j,0]=mask[i,j,1]=0
    mask=1-mask
    f=dft_shift*mask    #滤波器和频谱图结合到一起,是1的就保留下来,是0的就全部过滤掉
    ishift=np.fft.ifftshift(f) #上面处理完后,低频部分在中间,所以进行傅里叶逆变换之前还需要将频谱图的低频部分移到左上角
    iimg=cv2.idft(ishift) #傅里叶逆变换
    res=cv2.magnitude(iimg[:,:,0], iimg[:,:,1]) #结果还不能看到,因为逆变换后的结果是实部和虚部的双通道的一个结果,还不是一幅图像,为了让它能显示出来,我们还需要对实部和虚部进行处理
    return res
new_image1=ideal_bandpass_filter(img,D0=6,w=10)
new_image2=ideal_bandpass_filter(img,D0=15,w=10)
new_image3=ideal_bandpass_filter(img,D0=25,w=10)
#巴特沃思带阻滤波器
def butterworthBondResistFilter(img, radius=10, w=5, n=1):   #定义巴特沃思带阻滤波器
    u, v=np.meshgrid(np.arange(img.shape[1]), np.arange(img.shape[0]))
    D=np.sqrt((u-img.shape[1]//2)**2+(v-img.shape[0]//2)**2)
    C0=radius
    epsilon=1e-8   #防止被0除
    kernel=1.0/(1.0+np.power(D*w/(D**2-C0**2+epsilon), 2*n))
    return kernel
def butterworth_bandpass_filter(img,D0,W,n):
    assert img.ndim==2
    kernel=butterworthBondResistFilter(img,D0,W,n)   #得到滤波器
    gray=np.float64(img)   #将灰度图像转换为opencv官方规定的格式
    gray_fft=np.fft.fft2(gray) #傅里叶变换
    gray_fftshift=np.fft.fftshift(gray_fft) #将频谱图的低频部分转到中间位置
    #dst=np.zeros_like(gray_fftshift)
    dst_filtered=kernel*gray_fftshift #频谱图和滤波器相乘得到新的频谱图
    dst_ifftshift=np.fft.ifftshift(dst_filtered) #将频谱图的中心移到左上角
    dst_ifft=np.fft.ifft2(dst_ifftshift) #傅里叶逆变换
    dst=np.abs(np.real(dst_ifft))
    dst=np.clip(dst,0,255)
    return np.uint8(dst)
#得到处理后的图像
new_image4=butterworth_bandpass_filter(img,D0=6,W=10,n=1)
new_image5=butterworth_bandpass_filter(img,D0=15,W=10,n=1)
new_image6=butterworth_bandpass_filter(img,D0=25,W=10,n=1)
new_image7=butterworth_bandpass_filter(img,D0=15,W=10,n=0.5)
```

```python
new_image8=butterworth_bandpass_filter(img,D0=15,W=10,n=1)
new_image9=butterworth_bandpass_filter(img,D0=15,W=10,n=3)
#高斯带阻滤波器
def gaussBondResistFilter(img, radius=10, w=5):
#高斯滤波器;#Gauss=1/(2*pi*s2)*exp(-(x**2+y**2)/(2*s2))
    u, v=np.meshgrid(np.arange(img.shape[1]), np.arange(img.shape[0]))
    D=np.sqrt((u-img.shape[1]//2)**2+(v-img.shape[0]//2)**2)
    C0=radius
    kernel=1-np.exp(-(D-C0)**2/(w**2))
    return kernel
def gaussian_bandpass_filter(img,D0=5,W=10):
    assert img.ndim==2
    kernel=1.0-gaussBondResistFilter(img,D0,W)
    gray=np.float64(img)
    gray_fft=np.fft.fft2(gray)
    gray_fftshift=np.fft.fftshift(gray_fft)
    dst=np.zeros_like(gray_fftshift)
    dst_filtered=kernel*gray_fftshift
    dst_ifftshift=np.fft.ifftshift(dst_filtered)
    dst_ifft=np.fft.ifft2(dst_ifftshift)
    dst=np.abs(np.real(dst_ifft))
    dst=np.clip(dst,0,255)
    return np.uint8(dst)
#读取图像
#img=cv2.imread('C:/Users/lenovo/Desktop/4.png', 0)
new_image10=gaussian_bandpass_filter(img,D0=6,W=10)
new_image11=gaussian_bandpass_filter(img,D0=15,W=10)
new_image12=gaussian_bandpass_filter(img,D0=25,W=10)
#显示原始图像和带通滤波处理图像
title=['Source Image','idealD0=6','idealD0=15','idealD0=25','butterworthD0=6','butterworthD0=15','butterworthD0=25','butterworthD0=15n=1','butterworthD0=15n=3','butterworthD0=15n=5','gaussianD0=6','gaussianD0=15','gaussianD0=25']
images = [img, new_image1, new_image2, new_image3, new_image4, new_image5, new_image6, new_image7,new_image8,new_image9,new_image10,new_image11,new_image12]
plt.figure(figsize=(15, 10))
for i in np.arange(13):
    plt.subplot(3,5,i+1),plt.imshow(images[i],'gray')
    plt.title(title[i])
    plt.xticks([]),plt.yticks([])
plt.show()
```

(3)案例代码的运行结果如图 5-11 所示。

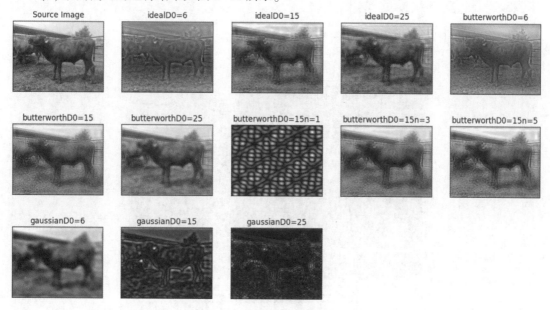

图 5-11　案例代码的运行结果

## 5.6　陷波滤波器

### 5.6.1　案例基本信息

(1)案例名称：陷波滤波器。

(2)案例涉及的基本理论知识点。

陷波滤波器可以阻止(陷波带阻)和通过(陷波带通)事先定义的中心频率邻域内的频率。由于傅里叶变换是对称的，所以陷波滤波器必须以关于原点对称的形式出现(两个洞)，其可分为陷波带阻滤波器和陷波带通滤波器。若陷波滤波器位于原点处，则以它本身的形式出现。

(3)案例使用的平台、语言及库函数如下。

平台：PyCharm。

语言：Python。

库函数：numpy、matplotlib、opencv。

### 5.6.2　案例设计方案

本案例通过陷波滤波器对牛的数据图像进行处理。

### 5.6.3 案例数据及代码

(1) 案例数据样例或数据集如图 5-12 所示。

图 5-12 案例数据样例或数据集

(2) 案例代码。

ex5-7：陷波滤波器。

```
import cv2 as cv
import numpy as np
from matplotlib import pyplot as plt
def notch_filter(img_gray, u0=0, v0=0, d0=50, ftype='pass'):
    #以频谱左上角为坐标原点
    dft=cv.dft(img_gray.astype('float32'),flags=cv.DFT_COMPLEX_OUTPUT)
    dft_shift=np.fft.fftshift(dft)
    m, n, _=dft_shift.shape
    mask=np.zeros_like(dft_shift)
    x_arr=np.concatenate([np.arange(m).reshape(m, 1)], axis=1)
    y_arr=np.concatenate([np.arange(n).reshape(1, n)], axis=0)
    dist1=np.sqrt((x_arr-u0)**2+(y_arr-v0)**2)
    u1=m-u0
    v1=n-v0
    dist2=np.sqrt((x_arr-u1)**2+(y_arr-v1)**2)
    mask[dist1<=d0]=1
    mask[dist2<=d0]=1
    if ftype!='pass':
        mask=1-mask
    bpf_dft_shift=dft_shift*mask
    magnitude_spectrum=cv.magnitude(bpf_dft_shift[:,:,0], bpf_dft_shift[:,:,1])
```

```python
log_magnitude_spectrum=20*np.log(magnitude_spectrum+1)
bpf_dft=np.fft.ifftshift(bpf_dft_shift)
img_=cv.idft(bpf_dft)
img_bpf=cv.magnitude(img_[:,:,0],img_[:,:,1])
return img_bpf
def bw_notch_filter(img_gray, u0=0, v0=0, d0=50, N=1, ftype='pass'):
    #以频谱左上角为坐标原点
    dft=cv.dft(img_gray.astype('float32'),flags=cv.DFT_COMPLEX_OUTPUT)
    dft_shift=np.fft.fftshift(dft)
    m, n, _=dft_shift.shape
    x_arr=np.concatenate([np.arange(m).reshape(m, 1)], axis=1)
    y_arr=np.concatenate([np.arange(n).reshape(1, n)], axis=0)
    dist1=np.sqrt((x_arr-u0)**2+(y_arr-v0)**2)
    dist2=np.sqrt((x_arr+u0)**2+(y_arr+v0)**2)
    mask=1/(1.+((d0**2)/(np.multiply(dist1, dist2)+0.00001))**N)
    if ftype=='pass':
        mask=1-mask
    bpf_dft_shift=dft_shift* mask.reshape(m, n, 1)
    magnitude_spectrum=cv.magnitude(bpf_dft_shift[:,:,0], bpf_dft_shift[:,:,1])
    log_magnitude_spectrum=20* np.log(magnitude_spectrum+1)
    bpf_dft=np.fft.ifftshift(bpf_dft_shift)
    img_=cv.idft(bpf_dft)
    img_bpf=cv.magnitude(img_[:,:,0],img_[:,:,1])
    return img_bpf
def gaussian_notch_filter(img_gray, u0=0, v0=0, d0=50, ftype='pass'):
    #以频谱左上角为坐标原点
    dft=cv.dft(img_gray.astype('float32'),flags=cv.DFT_COMPLEX_OUTPUT)
    dft_shift=np.fft.fftshift(dft)
    m, n, _=dft_shift.shape
    x_arr=np.concatenate([np.arange(m).reshape(m, 1)], axis=1)
    y_arr=np.concatenate([np.arange(n).reshape(1, n)], axis=0)
    dist1=np.sqrt((x_arr-u0)**2+(y_arr-v0)**2)
    dist2=np.sqrt((x_arr+u0)**2+(y_arr+v0)**2)
    mask=1-np.exp(np.multiply(dist1, dist2)/(d0**2)*(-0.5))
    if ftype=='pass':
        mask=1-mask
    bpf_dft_shift=dft_shift*mask.reshape(m, n, 1)
    magnitude_spectrum=cv.magnitude(bpf_dft_shift[:,:,0], bpf_dft_shift[:,:,1])
```

```
log_magnitude_spectrum=20*np.log(magnitude_spectrum+1)
bpf_dft=np.fft.ifftshift(bpf_dft_shift)
img_=cv.idft(bpf_dft)
img_bpf=cv.magnitude(img_[:,:,0],img_[:,:,1])
return img_bpf
img=cv.imread('lena.jpg')
img=cv.cvtColor(img,cv.COLOR_BGR2RGB)
img_gray=cv.cvtColor(img,cv.COLOR_RGB2GRAY)
new_image1=notch_filter(img_gray, u0=0, v0=0, d0=15, ftype='pass')
new_image2=notch_filter(img_gray, u0=0, v0=0, d0=15, ftype='stop')
new_image3=notch_filter(img_gray, u0=0, v0=0, d0=20, ftype='pass')
new_image4=notch_filter(img_gray, u0=0, v0=0, d0=20, ftype='stop')
new_image5=bw_notch_filter(img_gray, u0=0, v0=0, d0=15, N=1, ftype='pass')
new_image6=bw_notch_filter(img_gray, u0=0, v0=0, d0=15, N=1, ftype='stop')
new_image7=bw_notch_filter(img_gray, u0=0, v0=0, d0=20, N=1, ftype='pass')
new_image8=bw_notch_filter(img_gray, u0=0, v0=0, d0=20, N=1, ftype='stop')
new_image9=bw_notch_filter(img_gray, u0=0, v0=0, d0=15, N=2, ftype='pass')
new_image10=bw_notch_filter(img_gray, u0=0, v0=0, d0=15, N=2, ftype='stop')
new_image11=gaussian_notch_filter(img_gray, u0=0, v0=0, d0=15, ftype='pass')
new_image12=gaussian_notch_filter(img_gray, u0=0, v0=0, d0=15, ftype='stop')
new_image13=gaussian_notch_filter(img_gray, u0=0, v0=0, d0=20, ftype='pass')
new_image14=gaussian_notch_filter(img_gray, u0=0, v0=0, d0=20, ftype='stop')
title=['Source Image','pass_idealD0=15','stop_idealD0=20','pass_idealD0=15','stop_idealD0=20','pass_bwD0=15N=1','stop_bwD0=15N=1','pass_bwD0=20N=1','stop_bwD0=20N=1','pass_bwD0=15N=2','stop_bwD0=15N=2','pass_gaussianD0=15','stop_gaussianD0=15','pass_gaussianD0=20','stop_gaussianD0=20']
images = [img_gray, new_image1, new_image2, new_image3, new_image4, new_image5, new_image6, new_image7, new_image8, new_image9, new_image10, new_image11, new_image12, new_image13, new_image14]
plt.figure(figsize=(15, 10))
for i in np.arange(15):
    plt.subplot(4,4,i+1),plt.imshow(images[i],'gray')
    plt.title(title[i])
    plt.xticks([]),plt.yticks([])
plt.show()
```

(3)案例代码的运行结果如图5-13所示。

图 5-13 案例代码的运行结果

## 本章小结

本章我们学习了空间域滤波，空间域滤波基于图像像素的数值进行滤波，包括均值滤波、中值滤波、高斯滤波等。空间域滤波的优点是实现简单，计算速度快，但是对于复杂的图像，其效果不够理想。

在实现图像复原时，需要根据图像的特点和噪声情况选择适当的滤波器。同时，需要对滤波器的参数进行调整，以达到最佳效果。在实际应用中，还需要考虑滤波器的运行时间和内存占用等方面的性能指标。

## 小思考

1. 在选择滤波器时，需要考虑哪几个方面？
2. 在实现图像复原时，还需要注意哪几个方面？

## 本章习题

1. 中值滤波器适用于去除哪种噪声？（　　）
   A. 椒盐噪声　　　　　　　　　B. 高斯噪声
   C. 泊松噪声　　　　　　　　　D. 所有类型的噪声
2. 均值滤波器适用于去除哪种噪声？（　　）
   A. 椒盐噪声　　　　　　　　　B. 高斯噪声
   C. 泊松噪声　　　　　　　　　D. 所有类型的噪声

3. 退化模型是指（　　）。
   A. 图像的退化程度　　　　　　　　B. 图像退化的数学模型
   C. 图像的分辨率　　　　　　　　　D. 图像的亮度
4. (判断)空间域滤波器只能用于去除图像噪声，不能去除图像模糊。（　　）
5. (判断)双边滤波器可以在去除噪声的同时保留图像细节和边缘信息。（　　）
6. (判断)均值滤波器适用于去除强噪声。（　　）
7. (判断)在进行图像复原时，只需要选择最适合的滤波器即可，不需要对滤波器参数进行调整。（　　）
8. ＿＿＿＿＿＿＿＿适用于去除椒盐噪声。
9. ＿＿＿＿＿＿＿＿适用于去除高斯噪声。
10. 图像增强与图像复原的区别是什么？
11. 什么是图像退化，什么是图像复原？
12. 图像中有哪些类型的噪声？
13. 高斯噪声产生的原因是什么？
14. 伽马噪声产生的原因是什么？

## 习题答案

1. A　2. B　3. B
4. ×　5. √　6. ×　7. ×
8. 中值滤波器　9. 均值滤波器
10. 图像增强不需要考虑图像退化的真实物理过程，增强后的图像也不一定要逼近原始图像，是一个主观过程。

图像复原需要针对图像的退化原因设法进行补偿，对图像的退化过程有一定的先验知识，使图像复原状态尽可能接近原始图像，是一个客观过程。

11. 图像退化：图像在形成、记录、处理和传输过程中，由于成像系统、记录设备、传输介质和处理方法的不完善，导致图像质量的下降。

图像复原：对退化后的图像进行复原，尽可能恢复退化图像的原本"面目"。图像复原是沿图像退化的逆过程进行处理的。

12. 高斯噪声、瑞利噪声、伽马噪声、指数噪声、均匀噪声、椒盐噪声。
13. 电子电路噪声和低照明度或高温带来的传感器噪声。
14. 伽马噪声通常在激光成像中产生。

# 第 6 章　Python 实现图像形态学上的操作

## 章前引言

图像形态学是一种数学理论和计算机视觉技术，用于处理和分析图像中的形状、结构和空间关系。它基于数学的形态学理论，通过对图像进行形态学操作来提取图像的特征、改善图像质量、分割图像以及检测和识别图像中的对象。本章将介绍图像形态学上的操作，包括膨胀操作、腐蚀操作、开操作、闭操作等，将通过案例代码及其运行结果来展示这些操作的效果，并讨论它们在不同场景下的应用。

## 教学目的与要求

1. 了解图像形态学的基本概念和原理。
2. 学会使用 Python 实现图像形态学上的操作，如膨胀操作、腐蚀操作、开操作和闭操作。
3. 具备一定的 Python 编程基础，了解基本的图像处理概念和操作。

## 学习目标

1. 理解图像形态学的基本原理和常用操作，包括膨胀操作、腐蚀操作、开操作和闭操作。
2. 学会使用 Python 结合图像处理库实现图像形态学上的操作。
3. 掌握如何选择合适的结构元素以及调整参数来达到所需效果的方法。
4. 熟悉图像处理库的基本操作和函数。

## 学习难点

1. 图像形态学是建立在数学形态学的基础上的，因此对于数学基础知识的掌握程度会直接影响学习图像形态学的难易程度。
2. 学习图像形态学不仅需要理解其基本原理和操作方法，还需要将理论知识应用到实际图像处理中,并通过编程实现。这就要求学习者能够将抽象的数学概念转化为具体的代码实现,需要其具备一定的编程能力和实践经验。

3. 结构元素是图像形态学操作中非常重要的一个概念,它的大小、形状和参数的选择会直接影响操作结果。因此,学习者需要根据具体的图像处理需求,合理选择结构元素并优化参数,以达到所需的效果。

4. 在实际图像处理中,往往会面临各种复杂的场景,如噪声、边缘、光照变化等。在应用图像形态学上的操作时,需要考虑如何处理这些复杂场景,并采取合适的策略来优化处理效果。

## 素养目标

1. 理解图像处理的基础知识。
2. 掌握图像处理库的使用。
3. 准确理解图像形态学的原理。
4. 灵活选择结构元素和进行参数调整,具备通过调试和优化来达到所需效果的能力。
5. 具备分析和解决问题的能力,以及一级问题排查和调试的能力,能够在遇到困难时迅速找到解决方案。
6. 具备学习和创新意识,保持学习的态度,持续关注图像处理领域的最新技术和方法;能够独立思考、发现问题并提出创新的解决方案,为图像形态学上的操作的实践应用作出贡献。
7. 坚持实践和总结经验:通过反复实践和不断总结经验,逐渐积累丰富的图像处理实践经验,能够将理论知识与实际应用相结合,不断提高自己的技能水平。

## 6.1 膨胀操作

### 6.1.1 案例基本信息

(1)案例名称:Python实现图像形态学上的膨胀操作。
(2)案例涉及的基本理论知识点。

在膨胀操作中,如果物体是白色的,那么白色像素周围的像素数就会增多。它增加的区域取决于物体像素的形状。膨胀过程增加了对象的像素数,减少了非对象的像素数。膨胀就是对图像高亮部分进行"领域扩张",效果图拥有比原图更大的高亮区域,即膨胀就是求局部最大值的操作。

膨胀操作是一种图像形态学上的操作,实际通常用于去除图像中的噪声、填充图像中的空洞、连接图像中的断裂部分以及提取图像中的特征等。膨胀操作的实现需要选定合适的结构元素,通过结构元素对二值图像中的目标进行"增长"和"粗化",粗化的方式和宽度受所用结构元素的大小和形状控制,在运行时,膨胀操作类似于空间卷积,但是膨胀操作是以集合运算为基础的,因此是非线性运算;而空间卷积是乘积求和,是线性运算。

膨胀操作的算法思想如下。

①定义一个结构元素,该结构元素是一个二维矩阵,其中心点为1,其余点为0。

②将该结构元素与原始图像进行卷积运算,若结构元素的中心点与原始图像中的像素点相对应,则将该像素点置1。

③对于每个像素点,若其周围有任意一个像素点为1,则将该像素点置1。这一步操作可以将物体进行膨胀,使其变得更加粗壮。

④重复上述步骤,直到达到所需的膨胀程度为止。

总的来说,膨胀操作的算法思想就是通过结构元素的卷积运算,将像素点进行扩张,从而实现对图像中物体的膨胀处理。

(3)案例使用的平台、语言及库函数如下。

平台:PyCharm。

语言:Python。

库函数:numpy、matplotlib、opencv。

### 6.1.2 案例设计方案

本案例通过图像的膨胀操作对牛的数据图像进行处理。

### 6.1.3 案例数据及代码

(1)案例数据样例或数据集如图6-1所示。

图6-1 案例数据样例或数据集

(2)案例代码。

ex6-1:膨胀操作。

```
import cv2
import matplotlib.pyplot as plt
I=cv2.imread('images/1111.jpg')
#显示原图像
cv2.imshow('origin', I)
#结构元素半径
r=1
MAX_R=20
#显示膨胀效果的窗口
```

```
cv2.namedWindow('dilate', 1)
def nothing(*args):
    pass
#调整结构元素半径
cv2.createTrackbar('r', 'dilate', r, MAX_R, nothing)
while True:
    #得到当前的 r 值
    r=cv2.getTrackbarPos('r','dilate')
    #生成结构元素
    s=cv2.getStructuringElement(cv2.MORPH_RECT,(2*r+1 , 2*r+1))
    #膨胀图像
    d=cv2.dilate(I, s)
    #显示膨胀效果
    cv2.imshow('dilate', d)
    ch=cv2.waitKey(5)
    #按<Esc>键退出循环
    if ch==27:
        break
cv2.destroyAllWindows()
```

(3) 案例代码的运行结果如图 6-2 所示。

图 6-2　案例代码的运行结果

## ▶▶▶ 6.2　腐蚀操作 ▶▶▶

### 6.2.1　案例基本信息

(1) 案例名称：Python 实现图像形态学上的腐蚀操作。

(2) 案例涉及的基本理论知识点。

形态学腐蚀（Morphological Erosion）是数字图像处理中的一种基本操作，用于处理二值图像。它可以通过移除图像中的小物体或细节来使图像变得更加简洁和准确。形态学腐蚀的过程是将一个结构元素沿着图像的每个像素进行移动，并将其与该像素及其周围像素进行比较，若结构元素完全包含该像素及其周围像素，则该像素保留，否则删除该像素。这个过程可以看作以一定形状的窗口在图像上滑动，将窗口内的像素与结构元素进行对比，将与结构元素不匹配的像素删除。

腐蚀操作是一种图像形态学上的操作，其主要目的是将图像中的物体进行腐蚀，使其变得更加细小。腐蚀操作的算法思想如下。

①定义一个结构元素，该结构元素是一个二维矩阵，其中心点为1，其余点为0。

②将该结构元素与原始图像进行卷积运算，若结构元素的中心点与原始图像中的像素点相对应，并且结构元素中的所有像素点都与原始图像中的像素点相对应，则将该像素点置1。

③对于每个像素点，若其周围的所有像素点都1，则将该像素点置为1。这一步操作可以将物体进行腐蚀，使其变得更加细小。

④重复上述步骤，直到达到所需的腐蚀程度为止。

总的来说，腐蚀操作的算法思想就是通过结构元素的卷积运算，将像素点进行缩小，从而实现对图像中物体的腐蚀处理。

（3）案例使用的平台、语言及库函数如下。

平台：PyCharm。

语言：Python。

库函数：numpy、matplotlib、opencv。

### 6.2.2 案例设计方案

本案例通过图像的腐蚀操作对牛的数据图像进行处理。

### 6.2.3 案例数据及代码

（1）案例数据样例或数据集如图6-3所示。

图6-3 案例数据样例或数据集

（2）案例代码。

ex6-2：腐蚀操作。

```python
import cv2
import numpy as np
original_img=cv2.imread('images/1111.jpg')
res=cv2.resize(original_img,None,fx=0.6,fy=0.6,
        interpolation=cv2.INTER_CUBIC)  #图形太大了,缩小一点
B,G,R=cv2.split(res)  #获取红色通道
img=R
_,RedThresh=cv2.threshold(img,160,255,cv2.THRESH_BINARY)
#opencv定义的结构矩形元素
kernel=cv2.getStructuringElement(cv2.MORPH_RECT,(3,3))
eroded=cv2.erode(RedThresh,kernel)  #腐蚀图像
cv2.namedWindow('Eroded by slider')
cv2.createTrackbar('size','Eroded by slider',1,20,lambda x: None)
while True:
    #检查窗口是否存在
    if cv2.getWindowProperty('Eroded by slider',cv2.WINDOW_NORMAL)==-1:
        break
    size=cv2.getTrackbarPos('size','Eroded by slider')
    if size==0:
        size=1
    kernel=cv2.getStructuringElement(cv2.MORPH_RECT, (size,size))
    eroded=cv2.erode(RedThresh,kernel)
    cv2.imshow('Eroded by slider',eroded)
    #调整窗口大小
    cv2.resizeWindow("Eroded by slider", res.shape[1], res.shape[0])
    if cv2.waitkey(5)==27:
        break
cv2.destroyAllWindows()
```

(3)案例代码的运行结果如图6-4所示。

图6-4　案例代码的运行结果

## 6.3 开操作

### 6.3.1 案例基本信息

（1）案例名称：Python 实现图像形态学上的开操作。

（2）案例涉及的基本理论知识点。

开操作是先腐蚀再膨胀，以保持物体像素的原始性，去除背景中的小噪声。

开操作可以消除图像中小的亮点和细小的暗点，同时保持图像中物体的形状和大小不变，使图像更加平滑和连续。开操作常用于去除图像中的噪声和小的不连续区域，同时保持重要信息不被破坏。例如，在数字图像中，可以使用开操作去除图像中的小点和线。

（3）案例使用的平台、语言及库函数如下。

平台：PyCharm。

语言：Python。

库函数：numpy、matplotlib、opencv。

### 6.3.2 案例设计方案

本案例通过图像的开操作对牛的数据图像进行处理。

### 6.3.3 案例数据及代码

（1）案例数据样例或数据集如图 6-5 所示。

图 6-5　案例数据样例或数据集

（2）案例代码。

ex6-3：开操作。

```
import cv2 as cv
src=cv.imread('images/1111.jpg')
#结构元素初始半径,最大半径
r, MAX_R=1, 20
```

```
#初始迭代次数,最大迭代次数
i, MAX_I=1, 20
#创建窗口
cv.namedWindow('morphology')
#设置回调函数
def nothing(*args):
    pass
```

(3)案例代码的运行结果如图 6-6 所示。

图 6-6　案例代码的运行结果

## ▶▶▶ 6.4　闭操作 ▶▶▶

### 6.4.1　案例基本信息

(1)案例名称：Python 实现图像形态学上的闭操作。

(2)案例涉及的基本理论知识点。

闭操作是一种图像形态学上的操作,先膨胀再腐蚀,主要用于填补图像中物体内部的空洞和裂缝,使物体变得更加完整。闭操作的算法思想如下。

①定义一个结构元素,该结构元素是一个二维矩阵,其中心点为 1,其余点为 0。

②将该结构元素与原始图像进行膨胀操作,即将结构元素的中心点与原始图像中的像素点所对应的像素点都置 1。

③将膨胀后的图像再进行腐蚀操作,即对于每个像素点,若其周围的所有像素点都为 1,则将该像素点置 1。

④重复上述步骤,直到达到所需的闭操作程度为止。

总的来说,闭操作的算法思想就是通过结构元素的膨胀和腐蚀操作,填补图像中物体内部的空洞和裂缝,使物体变得更加完整。

(3)案例使用的平台、语言及库函数如下。
平台：PyCharm。
语言：Python。
库函数：numpy、matplotlib、opencv。

### 6.4.2 案例设计方案

本案例通过图像的闭操作对牛的数据图像进行处理。

### 6.4.3 案例数据及代码

(1)案例数据样例或数据集如图 6-7 所示。

图 6-7　案例数据样例或数据集

(2)案例代码。

ex6-4：闭操作。

```
import cv2 as cv
src=cv.imread('images/1111.jpg')
cv.namedWindow('morphology')
#定义自己的回调函数,处理滑动条的值
def on_trackbar(val):
#得到滑动条上当前的 r 值
r=cv.getTrackbarPos('r','morphology')
#得到滑动条上当前的 i 值
i=cv.getTrackbarPos('i','morphology')
#创建结构元素
kernel=cv.getStructuringElement(cv.MORPH_RECT, (2*r+1,2*r+1))
#形态学处理:闭运算
result=cv.morphologyEx(src,cv.MORPH_CLOSE,kernel,iterations=i)
#显示效果
cv.imshow('morphology',result)
```

```
#创建滑动条,绑定回调函数
r=1
i=1
Max_R=20
MAX_I=20
cv.createTrackbar('r','morphology',r,MAX_R,on_trackbar)
cv.createTrackbar('i','morphology',i,MAX_I,on_trackbar)
#显示初始结果
on_trackbar(0)
#按<Esc>键退出
while True:
ch=cv.waitKey(5)
if ch==27:
    break
cv.destroyAllWindows()
```

(3)案例代码的运行结果如图6-8所示。

图6-8 案例代码的运行结果

**扩展：**

(1)形态学梯度：膨胀图与俯视图之差，用于保留物体的边缘轮廓。

(2)顶帽：原始图像与开运算结果之差，用于分离比邻近点亮一些的斑块。

(3)黑帽：闭运算结果与原始图像之差，用于分离比邻近点暗一些的斑块。

opencv库里有一个很好的函数getStructuringElemen()，我们只要往这个函数传相应的处理参数，就可以进行相应的操作了，使用起来也十分方便。

本案例实现了采用滑动条调节参数，趣味性十足，也可以达到效果对比的目的。

## 小思考

1. 膨胀和腐蚀的作用是什么？
2. 什么是结构元素？它在图像形态学操作中的作用是什么？
3. 什么是开操作和闭操作？它们有什么作用？
4. 图像形态学操作在图像处理中的应用有哪些？
5. 图像形态学操作中可能会遇到的问题有哪些？

## 本章小结

图像形态学是数字图像处理中的一种重要技术，可以用来处理二值图像和灰度图像。其中，膨胀操作、腐蚀操作、开操作和闭操作是图像形态学中常用的4种基本操作。

膨胀操作是将图像中的物体区域进行扩张，使其变大，具体实现方法是将结构元素与图像进行卷积运算，若结构元素与图像重叠的部分有一个像素值为1，则结果图像对应位置的像素值为1，否则为0。这个过程可以将物体区域的边缘模糊化，使物体更加饱满。

腐蚀操作是将图像中的物体区域进行收缩，使其变小，具体实现方法是将结构元素与图像进行卷积运算，若结构元素与图像重叠的部分所有像素值都为1，则结果图像对应位置的像素值为1，否则为0。这个过程可以将物体区域的边缘变细，使物体更加紧凑。

开操作是先对图像进行腐蚀，再对结果进行膨胀。这个过程可以消除物体区域中小的空洞或细小的物体，同时保留物体的整体形状。

闭操作是先对图像进行膨胀，再对结果进行腐蚀。这个过程可以消除物体区域中小的空隙或细小的缺陷，同时保留物体的整体形状。

以上4种基本操作都依赖于一个结构元素，结构元素的选择会影响操作的效果。图像形态学操作常用于图像分割、物体识别、轮廓提取等领域。

## 本章习题

1. 在图像形态学操作中，以下哪个操作可以用来填补物体中的空洞？（    ）
   A. 腐蚀操作　　　　　　　　　　B. 膨胀操作
   C. 开操作　　　　　　　　　　　D. 闭操作
2. 以下哪个操作可以用来扩大物体？（    ）
   A. 腐蚀操作　　　　　　　　　　B. 膨胀操作
   C. 开操作　　　　　　　　　　　D. 闭操作
3. (判断)腐蚀操作会使物体的边缘变得更加模糊。(    )
4. (判断)闭操作会使物体的边缘变得更加模糊。(    )
5. 图像形态学中的腐蚀操作是让图像_____。
6. 图像形态学中的膨胀操作是让图像_____。
7. 图像形态学中的闭操作可以用来_____。
8. 图像形态学中的腐蚀操作可以用来_____。
9. 请简述图像形态学中开操作的作用及实现过程。

### 习题答案

1. B    2. B    3. √    4. ×

5. 变小及变细

6. 变大及变粗

7. 填平物体内部的小斑点或空洞。

8. 去除二值图像中的小斑点或细小的物体，同时保留物体的整体形状和结构。

9. 图像形态学中的开操作可以去除二值图像中的小斑点或细小的物体，同时保留物体的整体形状和结构。其实现过程是先进行腐蚀操作，然后进行膨胀操作。这样可以去除物体内部的小斑点或空洞，同时保留物体的整体形状和结构。

# 综合实践篇

# 第 7 章 基于 opencv 细胞计数

## 章前引言

早在 2008 年,国际商业机器公司(International Business Machines Corporation,IBM)就提出了"智能医疗"的概念,它主要是把物联网和 AI 技术相结合并应用到医疗领域,实现医疗信息互联、共享协作、临床创新、诊断科学以及公共卫生预防等,现在由于大数据和 5G 技术的发力与应用,智能医疗再次变成焦点。

## 教学目的与要求

本案例将尝试实现从细胞图像中,使用连通域的方法,自动将细胞标识出来并计数。

## 学习目标

1. 了解并熟悉运用连通域。
2. 对图像熟练运用去噪等一系列操作。

## 学习难点

1. 数据量和质量不足,标注存在误差。
2. 细胞具有多样性形态结构。

## 素养目标

1. 提高编程能力,具备编程实践能力。
2. 加强实践能力,提升数据科学素养。
3. 具备较强的数据处理和数据分析能力,避免数据分布不平衡导致结果偏差较大。

## 7.1 案例基本信息

(1) 案例名称：基于 opencv 细胞计数。

(2) 案例涉及的基本理论知识点。

①图像分割。图像分割的步骤如下。

数据采集：采集需要处理的图像数据，并对数据进行清洗和预处理，包括图像去噪、图像增强、灰度归一化、直方图均衡化、空间滤波等。

算法选择：根据数据特征和应用场景，选择适合的图像分割算法。常用的图像分割算法包括基于阈值的分割、基于边缘的分割、基于区域的分割、基于图论的分割、聚类分割和深度学习方法等。

参数设置：根据选择的算法，设置相应的参数，如阈值、半径、邻域大小等，以及其他相关参数。

分割处理：应用所选算法和参数，对图像进行分割处理。这一步需要对分割结果进行可视化和验证，包括分割效果的评价、分割结果的调整等。

优化算法：分割结果可能存在噪声、缺陷等问题，需要根据分割结果选择相应的优化算法进行优化，如形态学处理、后处理等。

评估分割结果：通过定量和定性的方法（如分割精度、召回率、F1 值、Dice 系数等），对分割结果进行评估和分析，以及观察分割结果的视觉效果。

应用领域：将图像分割技术应用到实际领域中，如医学影像分割、计算机视觉、自动驾驶等方面，以实现更广泛的应用和进一步的研究。

②连通域是由图像中具有相同像素值并且位置相邻的像素组成的区域，连通域分析是指在图像中寻找出彼此互相独立的连通域并将其标记出来。一般情况下，一个连通域内只包含一个像素值，因此，为了避免像素值波动对提取不同连通域产生的影响，连通域分析常处理的是二值化后的图像。

(3) 案例使用的平台、语言及库函数如下。

平台：PyCharm、Jupyter。

语言：Python。

库函数：opencv、numpy。

## 7.2 案例设计方案

本案例的基本思路及创新点如图 7-1 所示。

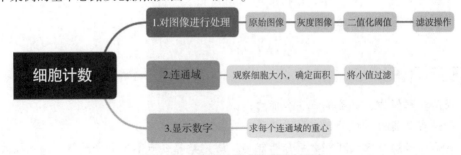

图 7-1　本案例的基本思路及创新点

## 7.3 案例数据及代码

（1）案例数据样例或数据集。

本案例所用数据集的下载地址为 http：//suo.nz/33n6Xy，该数据集收集了来自不同人群的皮肤镜图像，包含 10 015 幅皮肤镜图像。数据集样例图如图 7-2 所示。

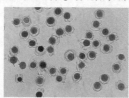

图 7-2　数据集样例图

（2）案例代码。

本案例对输入的细胞图像进行了处理，运用连通域对细胞进行了识别与计数。

```
import cv2
import numpy as np
img=cv2. imread(r'E:\imge\cell.jpg',1) #读取图像
gray=cv2. cvtColor(img,cv2. COLOR_BGR2GRAY) #将图像变为灰度图像,第一个参数 img 表示输入图像,第二个参数表示将 RGB 图像转换为灰度图像
kernel=np. ones((2,2),np. uint8) #进行腐蚀、膨胀操作,创建一个大小为 2×2 的、全为 1 的矩阵卷积核
erosion=cv2. erode(gray,kernel,iterations=5) #膨胀,iterations=5 表示操作的迭代次数
dilation=cv2. dilate(erosion,kernel,iterations=5) #腐蚀
ret, thresh=cv2. threshold(dilation, 150, 255, cv2. THRESH_BINARY) #阈值处理,150 是阈值,255 是最大值,cv2. THRESH_BINARY 表示使用二值化阈值类型。这行代码的作用是将灰度图像中灰度值大于 150 的像素点设置为 255,灰度值小于或等于 150 的像素点设置为 0,生成一幅二值阈值图像
thresh1=cv2. GaussianBlur(thresh,(3,3),0)#高斯滤波,对卷积核大小为 (3,3) 的二值阈值图像"thresh"使用高斯模糊滤波器,标准差为 0,有助于平滑图像的噪声,使边缘不那么锯齿状,从而提高后续图像处理操作(如边缘检测或形状识别)的准确性
contours,hierarchy=cv2. findContours(thresh1, cv2. RETR_TREE, cv2. CHAIN_APPROX_SIMPLE)#找出连通域
#对连通域面积进行比较
area=[] #建立空数组,放入连通域面积
contours1=[]   #建立空数组,放入减去最小面积的数
for i in contours:
    #area. append(cv2. contourArea(i))
    #print(area)
    if cv2. contourArea(i)>30:   #计算面积,去除面积小的连通域
        contours1. append(i)
print(len(contours1)- 1) #计算连通域个数
draw=cv2. drawContours(img,contours1,- 1,(0,255,0),1) #描绘连通域,它的作用是在图像上绘制所有轮廓(contours1)。具体来说,它使用绿色(0,255,0)的线条,线条宽度为 1,在原始图像(img)上绘制所有轮廓(contours1)。函数的返回值是绘制好轮廓的图像
```

```
#求连通域的重心以及在重心坐标点上描绘数字
for i,j in zip(contours1,range(len(contours1))):
    M=cv2. moments(i)
    cX=int(M["m10"]/M["m00"])
    cY=int(M["m01"]/M["m00"])
    draw1=cv2. putText(draw, str(j), (cX, cY), 1,1, (255, 0, 255), 1) #在重心坐标点上描绘数字
#展示图像
cv2. imshow("draw",draw1)
cv2. imshow("draw1",draw)
cv2. imshow("gray",gray)
cv2. imshow("erosion",erosion)
cv2. imshow("dilation",dilation)
cv2. imshow("thresh",thresh)
cv2. imshow("thresh1",thresh1)
cv2. waitKey()
cv2. destroyWindow()
```

(3)案例代码的运行结果如图7-2所示。

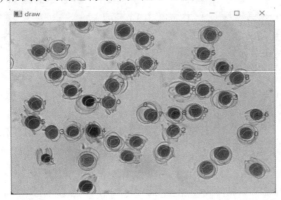

图7-3　案例代码的运行结果

## 本章小结

血液检测是医学中最重要的部分，也是医学等多种实验中最基础的部分，基于opencv的细胞图像中的细胞计数统计是为了以最简便的方法来校验医学上人工镜检所带来的误差，当然，这个细胞计数也可以用于生物等专业的实验中。本案例代码通过对细胞图像进行腐蚀、膨胀、二值化阈值、高斯滤波等一系列操作来得到一幅辨识度较高的细胞图像，然后找出连通域进行操作。

# 第 8 章

## 高斯金字塔 & 拉普拉斯金字塔 & 图像重建

### 章前引言

图像金字塔是对图像进行多分辨率表示的一种有效且简单的结构。一个图像金字塔是一系列以金字塔形状排列的、分辨率逐步降低的图像。图像金字塔的底部是待处理图像的高分辨率表示，而顶部是低分辨率表示。图像金字塔常用于图像缩放、图像重构、图像融合、图像增强技术中。图像金字塔在图像融合技术中的应用：多分辨率塔式图像融合算法是现在较为常用的图像融合方法。在这类算法中，原始图像被层层滤波和缩小，形成一个塔式结构。在塔的每一层都用一种融合算法对这一层的数据进行融合，从而得到一个经算法处理后的塔式结构，然后对处理后的塔式结构进行重构，最终得到合成图像。另外，图像金字塔可以将原始图像分别分解到、不同的空间频带上，这样就可以针对不同分解层的、不同频带上的特征与细节，采用不同的算子以达到更有针对性的算法优化处理效果。

### 教学目的与要求

1. 介绍高斯金字塔和拉普拉斯金字塔在图像处理中的应用。
2. 解释图像重建的过程和原理。
3. 学生需要了解图像金字塔的基本概念和操作。
4. 鼓励学生进行实践操作，通过编写代码或使用图像处理软件来理解和应用所学的知识。

### 学习目标

1. 熟悉并掌握高斯金字塔函数以及拉普拉斯金字塔函数。
2. 理解两种金字塔的原理。
3. 能够根据所需来选择使用高斯金字塔还是拉普拉斯金字塔。

## 学习难点

1. 数学理论基础：高斯金字塔和拉普拉斯金字塔是基于高斯滤波和差分运算实现的，要理解这些技术，需要对数学中的相关概念，如高斯函数、卷积、差分、采样定理、傅里叶变换等有一定的掌握。

2. 算法原理：理解算法原理是理解和掌握高斯金字塔、拉普拉斯金字塔和图像重建的关键。需要了解这些算法的基本思想、流程和实现方法，并熟悉相关参数和超参数的设置原则。

3. 实践操作：对于一名新手而言，要想掌握这些技术，需要不断地进行实践操作。需要借助一些图像处理工具库或编程语言，如 Python、opencv 等，实现代码的编写、调试和测试。同时，需要掌握常见的图像处理操作，如图像载入、灰度化、滤波、图像重建等，这些操作是理解和掌握高斯金字塔和拉普拉斯金字塔的基础。

4. 应用场景：掌握高斯金字塔、拉普拉斯金字塔和图像重建并不意味着可以解决所有的问题，需要了解各种图像处理操作的应用场景，并学会将上述技术应用到实际问题中去。

## 素养目标

1. 掌握基本理论和技术：了解高斯滤波、差分、卷积等数学概念，理解高斯金字塔、拉普拉斯金字塔和图像重建的基本原理，掌握这些技术的数学基础。了解高斯金字塔、拉普拉斯金字塔和图像重建的基本思想和流程，掌握相关算法的实现细节，熟练掌握相关参数和超参数的设置方法。

2. 实践能力：能够使用一些编程语言或图像处理工具库，如 Python、opencv 等，实现高斯金字塔、拉普拉斯金字塔和图像重建的算法，调试和测试实现的代码，并对不同的图像进行处理，如进行边缘检测或图像分割。

3. 应用能力：了解高斯金字塔、拉普拉斯金字塔和图像重建在不同的应用场景中的应用，如图像增强、图像压缩和图像重建等。同时需要有创新思维，能够将这些技术应用到实际问题中，提出创新的解决方案。

## 8.1 案例基本信息

(1) 案例名称：高斯金字塔 & 拉普拉斯金字塔 & 图像重建。

(2) 案例涉及的基本理论知识点。

①信号处理理论：数字信号的采样、表示、变换和滤波等基本概念和方法，如采样定理、傅里叶变换、离散傅里叶变换等。

②图像处理基础：图像的获取、表示、编码和解码等基本概念和方法，如灰度图像的处理、二值图像的处理等。

③数学基础：高斯函数、差分、卷积等基本数学概念和方法，如高斯滤波器、拉普拉

斯滤波器等。

④信号分析与处理：信号的频谱分析、平滑滤波、降采样和差分等基本信号分析和处理方法。

⑤优化算法：图像处理中的优化算法，如最大化似然估计、非线性优化、最小二乘法等。

(3)案例使用的平台、语言及库函数如下。

平台：PyCharm。

语言：Python。

库函数：numpy、opencv、scipy、matplotlib、math 等。

## ▶▶▶ 8.2 案例设计方案 ▶▶▶

本节对本案例的基本思路进行了介绍。

通过编写高斯金字塔函数以及拉普拉斯金字塔函数，对图像进行模糊处理以及改变分辨率大小，最终展现高斯金字塔、拉普拉斯金字塔以及重建的图像。

下面先对两种金字塔函数的原理及编程流程进行介绍。

(1)高斯金字塔。

高斯金字塔是对一幅图像重复进行高斯滤波和下采样得到的不同尺度的图像集合。最底层图像为原始图像 $G\_[0]$，通过重复进行高斯滤波去除高频信号分量，重复进行下采样减小分辨率，可得到 $G\_[1]$，…，$G\_[n-1]$，$G\_[n]$ 图像，随着层数的增加，图像分辨率逐渐减小，图像也更加模糊。该过程可以用式(8-1)表示。其中，$G\_[n+1]$ 是高斯金字塔中第 $n+1$ 层图像；$G\_[n]$ 是高斯金字塔中第 $n$ 层图像；$F$ 是高斯滤波函数；$S(scale1, scale2)$ 是双线性插值函数，$scale1$、$scale2$ 分别是图像在宽、长方向上分辨率变换的倍数，在本实验中，重复进行下采样时的倍数都是 0.5。

$$G\_[n+1] = G\_[n] * F * S(scale1, scale2) \quad (8-1)$$

(2)拉普拉斯金字塔。

在高斯金字塔运算过程中，图像经过高斯滤波和下采样后会丢失部分高频信息，拉普拉斯金字塔则用来描述高斯金字塔每层操作后丢失的高频信息。拉普拉斯金字塔是用高斯金字塔每一层图像减去上一层图像经过上采样及高斯滤波后的预测图像的图像集合。随着层数的增加，分辨率逐渐增大。该过程可以用式(8-2)表示。其中，$L\_[n]$ 是拉普拉斯金字塔第 $n$ 层图像；$G\_[n]$、$G\_[n+1]$ 分别是高斯金字塔第 $n$ 层、$n+1$ 层图像；$S(scale1, scale2)$ 是双线性插值函数，上采样中，$scale1$、$scale2$ 由高斯金字塔中第 $n$ 层和第 $n+1$ 层图像的实际尺寸比得到；$F$ 是高斯滤波函数。由图 8-2 可知，一幅图像若有 $n$ 层高斯金字塔，则有 $n-1$ 层拉普拉斯金字塔。

$$L\_[n] = G\_[n] - G\_[n+1] * S(scale1, scale2) * F \quad (8-2)$$

拉普拉斯金字塔运算过程如图 8-1 所示。高斯金字塔与拉普拉斯金字塔的关系如图 8-2 所示。

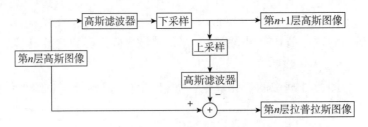

图 8-1　拉普拉斯金字塔运算过程

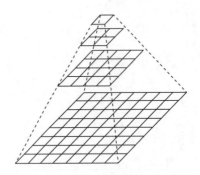

图 8-2　高斯金字塔与拉普拉斯金字塔的关系

(3) 重建高斯金字塔。

由图 8-2 我们可以知道高斯金字塔与拉普拉斯金字塔的关系,从而根据拉普拉斯金字塔和预测图像重建高斯金字塔,逐层递推,最终得到原始图像。

(4) 流程图。

总流程图如图 8-3 所示。高斯金字塔函数流程图和拉普拉斯金字塔函数流程图分别如图 8-4、图 8-5 所示。高斯滤波流程图如图 8-6 所示。双线性差值流程图如图 8-7 所示。显示拉普拉斯图像流程图如图 8-8 所示。

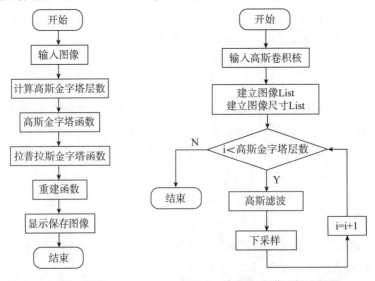

图 8-3　总流程图　　　　图 8-4　高斯金字塔函数流程图

# 第8章 高斯金字塔&拉普拉斯金字塔&图像重建

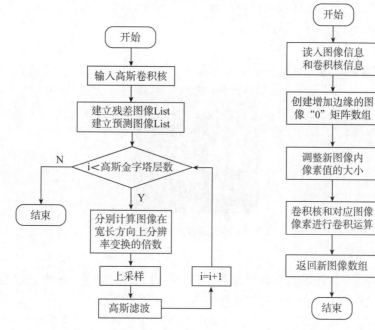

图 8-5 拉普拉斯金字塔函数流程图　　图 8-6 高斯滤波流程图

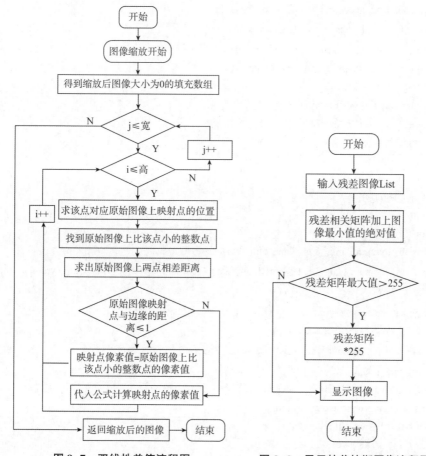

图 8-7 双线性差值流程图　　图 8-8 显示拉普拉斯图像流程图

## 8.3 案例数据及代码

(1) 案例数据样例或数据集如图 8-9 所示。

图 8-9 案例数据样例或数据集

(2) 案例代码。

通过编写高斯金字塔函数和拉普拉斯金字塔函数，对图像进行模糊处理及改变分辨率大小，最终展现高斯金字塔、拉普拉斯金字塔以及重建的图像。

```python
import math
from matplotlib import image as mpimg
from shuzituxiang.gaosi import Gaussian_Pyramid
from shuzituxiang.lapulasi import Laplacian_Pyramid
from shuzituxiang.tuxiangchongjian import huanyuan
from shuzituxiang.xianshituxiang import save
if __name__=='__main__':
    img=mpimg.imread('E:\1.jpg')
    #----高斯、拉普拉斯金字塔----#
    W=img.shape[0]
    L=img.shape[1]
    N=min(L, W)
    n=math.log2(N)
    n=int(n+1)
    print(n)
    Gaussian_Pyramid_Img_List, Gaussian_Lens_List=Gaussian_Pyramid(img, n)
    Laplacian_Pyramid_Img_List, New_Img_List=Laplacian_Pyramid(Gaussian_Pyramid_Img_List, n, Gaussian_Lens_List)
    huanyuan(Laplacian_Pyramid_Img_List, New_Img_List)
    #----保存显示图像---------#
    save(Gaussian_Pyramid_Img_List, Laplacian_Pyramid_Img_List)
import numpy as np
from shuzituxiang.lvbo import Convolve
from shuzituxiang.shuangxianxing import imresize
def Gaussian_Pyramid(Img, count):
    #-----高斯卷积核-----#
    Gaussian_Kernel=np.array([[1/16, 2/16, 1/16], [2/16, 4/16, 2/16], [1/16, 2/16, 1/16]])
```

```
    fw, fh,=Gaussian_Kernel.shape
    w=Img.shape[0]
    h=Img.shape[1]
    s1=(w, h)
    #----高斯图像 List----#
    Gaussian_Img_List=[Img]
    #----高斯图像尺寸 List--#
    Gaussian_Lens_List=[s1]
    SCALE_w1=SCALE_h1=0.5
    print('高斯金字塔第 0 层', Img.shape)
    for l in range(count-1):
        iw=Gaussian_Img_List[l].shape[0]
        ih=Gaussian_Img_List[l].shape[1]
        #------高斯滤波-------#
        New_I=Convolve(Gaussian_Img_List[l], Gaussian_Kernel, iw, ih, fw, fh)
        #------下采样--------#
        New_Img=imresize(New_I, SCALE_w1, SCALE_h1)
        print('高斯金字塔第{}层'.format(l+1), New_Img.shape)
        Gaussian_Img_List.append(New_Img)
        a=New_Img.shape[0]
        b=New_Img.shape[1]
        s=(a, b)
        Gaussian_Lens_List.append(s)
    return Gaussian_Img_List, Gaussian_Lens_List
#--------滤波---------#
import numpy as np
def Convolve(Img, Gaussian_Kernel, iw, ih, fw, fh):
    #--------创建新的全 0 矩阵数组------#
    c=Img.shape[2]
    New_I=np.zeros((iw+fw-1, ih+fh-1, c)).astype(np.float32)
    #-------原始图像像素值对应到新图像中----#
    for i in range(iw):
        for j in range(ih):
            for k in range(c):
                New_I[i, j+fh-1, k]=Img[i, j, k]
    #--ps:若把对称部分注释,程序正常,只是左下边缘有点失真#
    #-------进行卷积运算---------#
    New_Img=np.zeros((iw, ih, 3)).astype(np.float32)
    for i in range(iw):
        for j in range(ih):
            for k in range(c):
                Img_F=New_I[i:i+fw, j:j+fh, k]
                temp=np.multiply(Img_F, Gaussian_Kernel)
```

```python
            value=temp.sum()
            New_Img[i, j, k]=value if value > 0 else 0
            New_Img[i, j, k]=value if value < 255 else 255
    return New_Img
#------双线性插值--------#
import math
import numpy as np
def imresize(New_Img, SCALE_w, SCALE_h):
    Out_shape=(round(SCALE_w*New_Img.shape[0]), round(SCALE_h*New_Img.shape[1]))
    Out_img=np.zeros((Out_shape[0], Out_shape[1], 3)).astype(np.float32)   #得到输出图像大小为0的填充数组
    Out_w=Out_shape[0]    #图像的宽
    Out_h=Out_shape[1]    #图像的高
    for j in range(Out_w):    #j为行数,i为列数
        for i in range(Out_h):
            #------在原始图像上的映射点-------#
            In_x=float((j+0.5)/SCALE_w-0.5)
            In_y=float((i+0.5)/SCALE_h-0.5)
            #--原始图像上映射点周围最近的整数点--#
            Int_In_x=math.floor(In_x)
            Int_In_y=math.floor(In_y)
            #-----计算一部分距离权重值------#
            a=In_x-Int_In_x
            b=In_y-Int_In_y
            #--映射点距离图像边缘不大于1的情况--#
            if Int_In_x+1==New_Img.shape[0] or Int_In_y+1==New_Img.shape[1]:
                Out_img[j, i, :]=New_Img[Int_In_x, Int_In_y, :]
                continue
            #--正常情况下代入公式计算映射点的像素值--#
            Out_img[j, i, :]=(1.0-a)*(1.0-b)*New_Img[Int_In_x, Int_In_y, :]+\
                    a*(1.0-b)*New_Img[Int_In_x+1, Int_In_y, :]+\
                    (1.0-a)*b*New_Img[Int_In_x, Int_In_y, :]+\
                    a*b*New_Img[Int_In_x+1, Int_In_y+1, :]
    Out_img=Out_img.astype(np.uint8)
    return Out_img
#----拉普拉斯金字塔-----#
import numpy as np
from shuzituxiang.lvbo import Convolve
from shuzituxiang.shuangxianxing import imresize
def Laplacian_Pyramid(Gaussian_Pyramid_Img_List, n, Gaussian_Lens_List):
    Gaussian_Kernel=np.array([[1/16, 2/16, 1/16], [2/16, 4/16, 2/16], [1/16, 2/16, 1/16]])
    fw, fh,=Gaussian_Kernel.shape
```

```python
    Laplacian_Img_List=[]
    New_Img_List=[]
    for l in range(n-1, 0,-1):
        #-----上采样-------#
        m=Gaussian_Lens_List[l]
        q=Gaussian_Lens_List[l-1]
        SCALE_w2=q[0]*1.0/m[0]
        SCALE_h2=q[1]*1.0/m[1]
        #print(SCALE_w2)
        #print(SCALE_h2)
        New_I=imresize(Gaussian_Pyramid_Img_List[l], SCALE_w2, SCALE_h2)
        iw=New_I.shape[0]
        ih=New_I.shape[1]
        #-----高斯滤波-----#
        New_Img=Convolve(New_I, Gaussian_Kernel, iw, ih, fw, fh)
        difference=Gaussian_Pyramid_Img_List[l-1]-New_Img
        print('拉普拉斯金字塔第{}层'.format(n-1-l), difference.shape)
        Laplacian_Img_List.append(difference)
        New_Img_List.append(New_Img)
    return Laplacian_Img_List, New_Img_List
#-------重建图像-------#
import math
import numpy as np
from matplotlib import pyplot as plt
def huanyuan(Laplacian_Pyramid_Img_List, New_Img_List):
    plt.figure(figsize=(30, 30))
    for i in range(len(Laplacian_Pyramid_Img_List)):
        huanyuan=Laplacian_Pyramid_Img_List[i]+New_Img_List[i]
        huanyuan=huanyuan.astype(np.uint8)
        #plt.figure(figsize=(30,5))
        plt.title('H_{}'.format(i))
        plt.xlabel(huanyuan.shape)
        plt.subplot(3, math.ceil(len(Laplacian_Pyramid_Img_List)/3.0), i+1)
        plt.axis('on')
        plt.imshow(huanyuan)
    #plt.show()
    #cv.imwrite(file_out+'H_{}.jpg'.format(i), huanyuan)
    #cv.imshow('H_{}'.format(i), huanyuan)
    #cv.waitKey(0)
    #cv.destroyAllWindows()
    print('----重建成功!-----')
import math
```

```python
import numpy as np
from matplotlib import pyplot as plt
def save(Gaussian_Pyramid_Img_List, Laplacian_Pyramid_Img_List, cv=2, file_out=1):
    plt.figure(figsize=(30, 30))
    for i in range(len(Gaussian_Pyramid_Img_List)):
        plt.title('G_{}'.format(i))
        plt.xlabel(Gaussian_Pyramid_Img_List[i].shape)
        plt.subplot(3, math.ceil(len(Gaussian_Pyramid_Img_List)/3.0), i+1)
        plt.axis('on')
        plt.imshow(Gaussian_Pyramid_Img_List[i])
    plt.show()
    plt.figure(figsize=(30, 30))
    for i in range(len(Laplacian_Pyramid_Img_List)):
        convert1=Laplacian_Pyramid_Img_List[i]+np.abs(Laplacian_Pyramid_Img_List[i].min())
        if convert1.max() > 255:
            convert1=convert1/convert1.max()*255
        out_img=convert1.astype(np.uint8)
        plt.title('L_{} '.format(i))
        plt.xlabel(Laplacian_Pyramid_Img_List[i].shape)
        plt.subplot(3, math.ceil(len(Laplacian_Pyramid_Img_List)/3.0), i+1)
        plt.axis('on')
        plt.imshow(out_img)
    plt.show()
    cv.write(file_out+'L_{}.jpg'.format(i),out_img)
    cv.imshow('L_{}'.format(i), out_img)
    cv.waitKey(0)
    cv.destroyAllWindows()
```

(3) 案例代码的运行结果如图 8-10 所示

图 8-10　案例代码的运行结果

# 第8章 高斯金字塔&拉普拉斯金字塔&图像重建

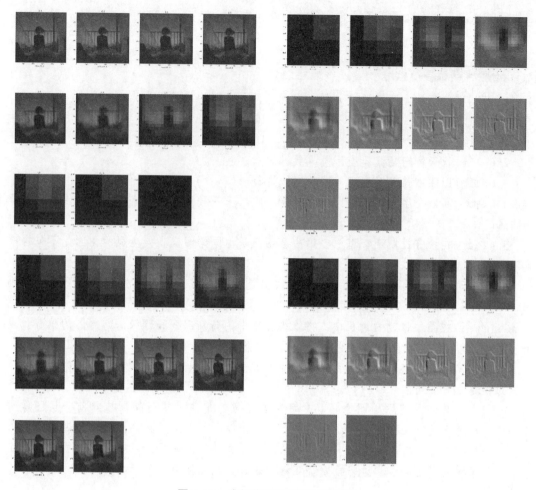

图 8-10 案例代码的运行结果(续)

(4)结果分析。

本案例的代码可将任意分辨率大小的图像形成高斯金字塔及拉普拉斯金字塔,并通过拉普拉斯金字塔进行高斯图像及原始图像的重建。

①高斯金字塔的层数确实比拉普拉斯金字塔多一层,且两金字塔对应的图像分辨率相同。

②高斯金字塔随着层数的增加,分辨率逐渐减小为原来的一半,且图像越来越模糊,很好地模拟了人眼观察图像随距离变换而改变的效果。

③拉普拉斯金字塔随着层数的减少,分辨率逐渐增大,得到了每层对应的残差,可知通过将第 $n+1$ 层高斯图像进行上采样和高斯滤波得到的预测图像与实际第 $n$ 层高斯图像有差异。

④通过重建,可以得到对应的高斯图像以及原始图像。

## 本章小结

本章主要介绍了高斯金字塔函数及拉普拉斯金字塔函数的原理,并对图像的清晰度、边缘检测效果、图像变形以及算法优化效果等方面进行了深入分析,以帮助读者理解了算法的原理和优化方式，提高了图像处理的效率和质量。

## 本章习题

1. 若构造的高斯金字塔共有 $n$ 层，则相邻两层之间的尺度比为（　　）。
A. 1 : 1　　　　　　　　　　　　B. 1 : 2
C. 2 : 1　　　　　　　　　　　　D. 1 : 4

2. （判断）拉普拉斯滤波器是一阶导数滤波器。（　　）

3. （判断）图像增强可以在空间域和频域进行。（　　）

4. （判断）高斯金字塔的层数比拉普拉斯金字塔多一层，且两金字塔对应的图像分辨率相同。（　　）

5. （判断）在拉普拉斯金字塔中，第一层图像是由原始图像直接生成的，因此不包含有关图像的任何信息。（　　）

6. （判断）在高斯金字塔中，每一层图像都是由前一层图像通过先平滑再下采样得到的。（　　）

7. （判断）在图像重建的过程中，将零级金字塔的高频部分和逐级递归得到的拉普拉斯金字塔的低频部分进行加和即可得到重建后的图像。（　　）

8. （判断）高斯金字塔的构建可以通过对图像进行下采样来减小图像的分辨率，使其逐步成为被滤波的低通信号。（　　）

9. 高斯金字塔是将原始图像分层，每一层图像都是通过使用高斯核对前一层图像进行平滑处理后再进行采样得到的，因此对上一层图像向下采样。在高斯金字塔基础上，通过将每一层高斯金字塔的图像向上采样到原始尺寸并进行差分得到一个层级的拉普拉斯金字塔。如果将高斯金字塔和拉普拉斯金字塔的采样方式互换会得到什么结果？

## 习题答案

1. C　2. √　3. √　4. √　5. ×　6. √　7. √　8. √

9. 如果将高斯金字塔和拉普拉斯金字塔的采样方式互换，那么：

（1）没有高斯金字塔，将原始图像进行下采样得到的图像构成一个拉普拉斯金字塔，但是由于采样操作会丢失图像的信息，所以每一层拉普拉斯金字塔上的图像都会丢失部分信息，导致图像质量下降。

（2）没有拉普拉斯金字塔，将每一层高斯金字塔的图像进行上采样得到的图像构成一个金字塔，但是由于采样后的图像尺寸增大，使高斯核的有效半径增加，所以得到的图像将存在明显的平滑效果，失去了拉普拉斯金字塔中反映细节的图像。

# 第 9 章 车牌识别

## 章前引言

车牌识别项目是一种计算机视觉技术应用，通过使用图像处理和机器学习算法，自动检测和识别车辆的号码牌照。该技术可以应用于停车场管理、交通安全监控、智能交通等领域，提高车辆管理及交通监管的效率和准确性，具体实现过程包括图像采集、预处理、特征提取、分类识别等步骤。

## 教学目的与要求

本案例将对车牌图像进行预处理、车牌定位、字符分割、字符识别。

## 学习目标

1. 学会应用数字图像处理中的开、闭操作，深入了解图像形态学上的腐蚀和膨胀操作。
2. 了解边缘检测、仿射变换，以及图像分割中的水平投影、水平分割、垂直投影、垂直分割。
3. 学会利用支持向量机（Support Vector Machine，SVM）来解决车牌识别的字符识别。

## 学习难点

1. 车牌图像的拍摄清晰度、角度。
2. 车牌图像中的其他干扰元素，如其他车辆被选入图像。

## 素养目标

1. 提高编程能力，具备编程实践能力。
2. 加强实践能力，提升数据科学素养。
3. 具备较强的数据处理和数据分析能力，避免数据分布不平衡导致结果偏差较大。

## 9.1 案例基本信息

（1）案例名称：车牌识别。

（2）案例涉及的基本理论知识点。

①水平投影。水平投影是图像处理中常用的一种技术，它以水平方向为基准，在一幅二维图像上计算每一行或每一列的像素值总和或平均值。这样得到的一组数值可以用来描述图像中不同区域的亮度、密度或分布情况，通常用于文字识别、边缘检测等应用中。通过对水平投影进行进一步处理，如峰值检测、高斯滤波等，可以实现更复杂的图像处理目标。

②水平分割。水平分割是将文本或图像沿着水平方向划分成多个部分的过程。通常情况下，水平分割是通过一定的算法和阈值来确定每个区域的边界位置的。水平分割可以用于从文本或图像中提取出各个独立的行或子区域，以便进一步地处理或分析。在文字识别、图像识别、自然语言处理等领域，水平分割是一个非常重要的预处理步骤，它可以提高后续处理的效率和准确性。

③垂直投影。垂直投影是指在图像处理中，以垂直方向为基准，在一幅二维图像上计算每一列的像素值总和或平均值。通过对每一列的像素值进行统计，可以得到一组数值，该组数值可以用来描述图像中不同区域的亮度、密度或分布情况。通常情况下，垂直投影用于文字识别、边缘检测等应用中。通过对垂直投影进行进一步处理，如峰值检测、高斯滤波等，可以实现更复杂的图像处理目标。

④垂直分割。垂直分割是将文本或图像沿着垂直方向划分成多个区域的过程。通常情况下，垂直分割是基于一定的算法和阈值来确定每个区域的边界位置的。垂直分割可以用于从文本或图像中提取出各个独立的列或子区域，以便进一步地处理或分析。在文字识别、图像识别、自然语言处理等领域，垂直分割是一个非常重要的预处理步骤，它可以提高后续处理的效率和准确性。

⑤仿射变换。仿射变换是将一幅二维图像进行平移、旋转、缩放或剪切等线性变换的过程。在仿射变换中，图像中的各个像素点会根据一定的数学公式进行变换，以产生新的图像。常见的仿射变换包括平移、旋转、缩放和剪切等操作，这些操作可以单独或同时进行。仿射变换在图像处理中被广泛应用，例如在计算机视觉、图像识别、人脸识别和模式识别等领域中。

⑥边缘检测。边缘检测是一种图像处理技术，用于找到图像中明显的边界。这种技术被广泛应用于计算机视觉和机器人领域。边缘是一种像素的转换，它在亮度、色度或纹理方面突然发生变化。边缘检测算法的目标是生成一幅二值图像，其中白色像素表示边缘，黑色像素表示背景。常见的边缘检测算法包括 Sobel、Prewitt、Roberts 和 Canny 算法等，这些算法基于梯度的计算，其中像素点的梯度方向垂直于边缘。这些算法会产生一系列边缘点的坐标。对于噪声严重的图像，也可以使用其他算法（如小波变换）来进行边缘检测。

在实际应用中，边缘检测能够帮助计算机实现自动化的目标检测和跟踪，并可用于图像分割和医学图像诊断等领域。

（3）案例使用的平台、语言及库函数如下。

平台：PyCharm。

语言：Python。

库函数：matplotlib、numpy、os、opencv。

## 9.2 案例设计方案 ▶▶▶

本节对车牌识别过程进行了详细介绍。

首先,对图像进行预处理,然后进行车牌定位,其次进行字符分割,最后进行字符识别。

预处理是指对采集的车牌图像进行彩色图像灰度化、边缘检测处理、腐蚀、膨胀等,使图像牌照区域的质量得到改善,保留车牌区域信息,去除噪声,为车牌定位提供方便。

车牌定位利用预处理得到的结果和 opencv 里的 cv2.findContours() 函数去查找轮廓,使用 cv2.contourArea() 函数计算查找到的轮廓的面积,通过筛选得到最佳结果。找到车牌所在的位置,并把车牌从该区域中准确地分割出来。为了使识别结果最佳,还需要用 numpy、opencv 里的仿射变换对车牌图像进行矩形矫正,为下一步字符分割做准备。

由于各种原因得到的车牌图像有清晰的,也有模糊的,所以利用直方图特性,对二值图像的某一种像素进行统计,通过水平投影对图像进行水平分割,获取每一行的图像;通过垂直投影对分割的每一行图像进行垂直分割,最终确定每一个字符的坐标位置,从而分割出每一个字符。

字符识别使用的是 SVM,SVM 作为机器学习和模式识别中的一个重要理论,在解决小样本聚类学习、非线性问题、异常值检测等领域中得到了广泛的应用。

## 9.3 案例数据代码 ▶▶▶

(1)案例数据样例或数据集。

本实验数据来源于网络。蓝色车牌如图 9-1 所示。黄色车牌如图 9-2 所示。新能源车牌如图 9-3 所示。

图 9-1 蓝色车牌

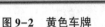

图 9-2　黄色车牌　　　　　　图 9-3　新能源车牌

（2）案例代码。

```
#Chuli.py
import tkinter as tk
from tkinter import ttk
from PIL import Image, ImageTk
import img_math,cv2,os
class App(ttk.Frame):
    width=750    #宽
    heigh=400    #高
    def __init__(self, win):
        ttk.Frame.__init__(self,win)
        self.pack()
        win.title("车牌识别系统")
        win.geometry('+300+200')
        win.minsize(App.width,App.heigh)
        frame_1=ttk.Frame(self)
        frame_1.grid(column=0, row=0)
        frame_2=ttk.Frame(self)
        frame_2.grid(column=1, row=0)
        frame_3=ttk.Frame(self)
        frame_3.grid(column=2, row=0)
        frame_4=ttk.Frame(self)
        frame_4.grid(column=0, row=1)
        #显示分离后的车牌字符
        frame_5111=ttk.Frame(self)
        frame_5111.grid(column=1, row=1)
        #显示分离后的车牌字符
        frame_5=ttk.Frame(frame_5111)
        frame_5.pack()
        frame_5222=ttk.Frame(frame_5111)
```

```
frame_5222.pack()
frame_6=ttk.Frame(self)
frame_6.grid(column=2, row=1)
self.image_1=ttk.Label(frame_1)
self.image_1.pack()
self.image_11=ttk.Label(frame_1,text='灰度变化',font=('Times', '14'))
self.image_11.pack()
self.image_2=ttk.Label(frame_2)
self.image_2.pack()
self.image_22=ttk.Label(frame_2,text='边缘检测',font=('Times', '14'))
self.image_22.pack()
self.image_3=ttk.Label(frame_3)
self.image_3.pack()
self.image_33=ttk.Label(frame_3,text='图像形态学处理',font=('Times', '14'))
self.image_33.pack()
self.image_4=ttk.Label(frame_4)
self.image_4.pack()
self.image_44=ttk.Label(frame_4,text='车牌定位',font=('Times', '14'))
self.image_44.pack()
self.image_5_1=ttk.Label(frame_5)
self.image_5_1.grid(column=0, row=0)
self.image_5_2=ttk.Label(frame_5)
self.image_5_2.grid(column=1, row=0)
self.image_5_3=ttk.Label(frame_5)
self.image_5_3.grid(column=2, row=0)
self.image_5_4=ttk.Label(frame_5)
self.image_5_4.grid(column=3, row=0)
self.image_5_5=ttk.Label(frame_5)
self.image_5_5.grid(column=4, row=0)
self.image_5_6=ttk.Label(frame_5)
self.image_5_6.grid(column=5, row=0)
self.image_5_7=ttk.Label(frame_5)
self.image_5_7.grid(column=6, row=0)
self.image_5_8=ttk.Label(frame_5222,text='字符分割',font=('Times', '14'))
self.image_5_8.pack()
#self.image_6=ttk.Label(frame_6)
#self.image_6.pack()
chu=ttk.Button(
    frame_6, text="退出", width=20, command=self.close_window)
chu.grid(column=0, row=2)
```

```python
        self.jiazai()
    def get_imgtk(self, img_bgr):
        img=cv2.cvtColor(img_bgr, cv2.COLOR_BGR2RGB)
        im=Image.fromarray(img)
        pil_image_resized=im.resize((250,170),Image.ANTIALIAS)
        imgtk=ImageTk.PhotoImage(image=pil_image_resized)
        return imgtk
    def get_imgtk_1(self, img_bgr):
        img=cv2.cvtColor(img_bgr, cv2.COLOR_BGR2RGB)
        im=Image.fromarray(img)
        pil_image_resized=im.resize((30,30),Image.ANTIALIAS)
        imgtk=ImageTk.PhotoImage(image=pil_image_resized)
        return imgtk
    def jiazai(self):
        img_1=img_math.img_read("tmp/img_gray.jpg")
        self.img1=self.get_imgtk(img_1)
        self.image_1.configure(image=self.img1)
        img_2=img_math.img_read("tmp/img_edge.jpg")
        self.img2=self.get_imgtk(img_2)
        self.image_2.configure(image=self.img2)
        img_3=img_math.img_read("tmp/img_xingtai.jpg")
        self.img3=self.get_imgtk(img_3)
        self.image_3.configure(image=self.img3)
        img_4=img_math.img_read("tmp/img_caijian.jpg")
        self.img4=self.get_imgtk(img_4)
        self.image_4.configure(image=self.img4)
        img_5_1=img_math.img_read("tmp/chechar1.jpg")
        self.img51=self.get_imgtk_1(img_5_1)
        self.image_5_1.configure(image=self.img51)
        img_5_2=img_math.img_read("tmp/chechar2.jpg")
        self.img52=self.get_imgtk_1(img_5_2)
        self.image_5_2.configure(image=self.img52)
        img_5_3=img_math.img_read("tmp/chechar3.jpg")
        self.img53=self.get_imgtk_1(img_5_3)
        self.image_5_3.configure(image=self.img53)
        img_5_4=img_math.img_read("tmp/chechar4.jpg")
        self.img54=self.get_imgtk_1(img_5_4)
        self.image_5_4.configure(image=self.img54)
        img_5_5=img_math.img_read("tmp/chechar5.jpg")
        self.img55=self.get_imgtk_1(img_5_5)
```

```python
        self.image_5_5.configure(image=self.img55)
        img_5_6=img_math.img_read("tmp/chechar6.jpg")
        self.img56=self.get_imgtk_1(img_5_6)
        self.image_5_6.configure(image=self.img56)
        img_5_7=img_math.img_read("tmp/chechar7.jpg")
        self.img57=self.get_imgtk_1(img_5_7)
        self.image_5_7.configure(image=self.img57)
    def close_window(self):
        uu=['tmp/'+i for i in os.listdir('tmp/')]
        for i in uu:
            os.remove(i)
        print("destroy")
        root.destroy()
if __name__=='__main__':
    root=tk.Tk()
    app=App(root)
root.mainloop()
```

img_function.py

```python
import os
import cv2
from PIL import Image
import numpy as np
import img_math
import img_recognition
SZ=20   #训练图像长、宽
MAX_WIDTH=1000   #原始图像最大宽度
Min_Area=2000   #车牌区域允许最大面积
PROVINCE_START=1000
class StatModel(object):
    def load(self, fn):
        self.model=self.model.load(fn)
    def save(self, fn):
        self.model.save(fn)
class SVM(StatModel):
    def __init__(self, C=1, gamma=0.5):
        self.model=cv2.ml.SVM_create()
        self.model.setGamma(gamma)
        self.model.setC(C)
        self.model.setKernel(cv2.ml.SVM_RBF)
        self.model.setType(cv2.ml.SVM_C_SVC)
    #训练SVM
    #def train(self, samples, responses):
```

```python
        #self.model.train(samples, cv2.ml.ROW_SAMPLE, responses)
    #字符识别
    def predict(self, samples):
        r=self.model.predict(samples)
        return r[1].ravel()
class CardPredictor:
    def __init__(self):
        pass
    def train_svm(self):
        #识别英文字母和数字
        self.model=SVM(C=1, gamma=0.5)
        #识别中文
        self.modelchinese=SVM(C=1, gamma=0.5)
        if os.path.exists("svm.dat"):
            self.model.load("svm.dat")
        if os.path.exists("svmchinese.dat"):
            self.modelchinese.load("svmchinese.dat")
    def img_first_pre(self, car_pic_file):
        """
        :param car_pic_file: 图像文件
        :return:已经处理好的图像文件、原始图像文件
        """
        if type(car_pic_file)==type(""):
            img=img_math.img_read(car_pic_file)   #读取图像文件
        else:
            img=car_pic_file
        pic_hight, pic_width=img.shape[:2]    #取彩色图像的高、宽
        if pic_width > MAX_WIDTH:
            resize_rate=MAX_WIDTH/pic_width
            #缩小图像
            img=cv2.resize(img, (MAX_WIDTH, int(pic_hight*resize_rate)), interpolation=cv2.INTER_AREA)
        #关于 interpolation 有几个参数可以选择
        #cv2.INTER_AREA:局部像素重采样,适合缩小图像
        #cv2.INTER_CUBIC 和 cv2.INTER_LINEAR 更适合放大图像,其中 cv2.INTER_LINEAR 为默认方法
        img=cv2.GaussianBlur(img, (5, 5), 0)
        #高斯滤波是一种线性平滑滤波,对于去除高斯噪声有很好的效果
        #0 是指根据窗口大小(5,5)来计算高斯函数标准差
        oldimg=img
        #转化为灰度图像
        #转换颜色空间 cv2.cvtColor
        #BGR--->Gray   cv2.COLOR_BGR2GRAY
```

```python
#BGR--->HSV  cv2.COLOR_BGR2HSV
img=cv2.cvtColor(img, cv2.COLOR_BGR2GRAY)
cv2.imwrite("tmp/img_gray.jpg", img)
#ones()函数用于返回一个全1的n维数组
Matrix=np.ones((20, 20), np.uint8)
#开运算：先腐蚀再膨胀就称作开运算。它被用来去除噪声。cv2.MORPH_OPEN
img_opening=cv2.morphologyEx(img, cv2.MORPH_OPEN, Matrix)
#图像叠加与融合
#g(x)=(1-α)f0(x)+αf1(x)    α→(0,1)，不同的α值可以实现不同的效果
img_opening=cv2.addWeighted(img, 1, img_opening,-1, 0)
#cv2.imwrite("tmp/img_opening.jpg", img_opening)
#创建20×20的元素为1的矩阵并对其进行开操作，并和img重合
#Otsu's 二值化处理,确定出二值化的最优阈值
ret, img_thresh=cv2.threshold(img_opening, 0, 255, cv2.THRESH_BINARY+cv2.THRESH_OTSU)
#Canny 边缘检测
#较大的阈值2用于检测图像中明显的边缘，一般情况下检测的效果不会那么完美,边缘检测出来是断断续续的
#较小的阈值1用于将这些间断的边缘连接起来
img_edge=cv2.Canny(img_thresh, 100, 200)
cv2.imwrite("tmp/img_edge.jpg", img_edge)
Matrix=np.ones((4, 19), np.uint8)
#闭运算:先膨胀再腐蚀
img_edge1=cv2.morphologyEx(img_edge, cv2.MORPH_CLOSE, Matrix)
#开运算
img_edge2=cv2.morphologyEx(img_edge1, cv2.MORPH_OPEN, Matrix)
cv2.imwrite("tmp/img_xingtai.jpg", img_edge2)
return img_edge2, oldimg
def img_only_color(self, filename, oldimg, img_contours):
    """
    :param filename: 图像文件
    :param oldimg: 原始图像文件
    :return: 识别到的字符、定位的车牌图像、车牌颜色
    """
    pic_hight, pic_width=img_contours.shape[:2] #取彩色图像的高、宽
    lower_blue=np.array([100, 110, 110])
    upper_blue=np.array([130, 255, 255])
    lower_yellow=np.array([15, 55, 55])
    upper_yellow=np.array([50, 255, 255])
    lower_green=np.array([50, 50, 50])
    upper_green=np.array([100, 255, 255])
```

```python
#BGR--->HSV
hsv=cv2.cvtColor(filename, cv2.COLOR_BGR2HSV)
#利用 cv2.inRange()函数设阈值,去除背景部分
#参数 1:原始图像
#参数 2:低于阈值,图像值变为 0
#参数 3:高于阈值,图像值变为 0
mask_blue=cv2.inRange(hsv, lower_blue, upper_blue)
mask_yellow=cv2.inRange(hsv, lower_yellow, upper_yellow)
mask_green=cv2.inRange(hsv, lower_yellow, upper_green)
#图像算术运算:按位运算有 AND、OR、NOT、XOR 等
output=cv2.bitwise_and(hsv, hsv, mask=mask_blue+mask_yellow+mask_green)
#根据阈值找到对应颜色
output=cv2.cvtColor(output, cv2.COLOR_BGR2GRAY)
Matrix=np.ones((20, 20), np.uint8)
#使用一个 20×20 的卷积核
img_edge1=cv2.morphologyEx(output, cv2.MORPH_CLOSE, Matrix)  #闭运算
img_edge2=cv2.morphologyEx(img_edge1, cv2.MORPH_OPEN, Matrix) #开运算
card_contours=img_math.img_findContours(img_edge2)
card_imgs=img_math.img_Transform(card_contours, oldimg, pic_width, pic_hight)
colors, car_imgs=img_math.img_color(card_imgs)
predict_result=[]
predict_str=""
roi=None
card_color=None
for i, color in enumerate(colors):
    if color in ("blue", "yellow", "green"):
        card_img=card_imgs[i]
        try:
            gray_img=cv2.cvtColor(card_img, cv2.COLOR_BGR2GRAY)
        except:
            print("gray 转换失败")
        #黄、绿车牌字符比背景暗,与蓝车牌刚好相反,所以黄、绿车牌需要反向
        if color=="green" or color=="yellow":
            gray_img=cv2.bitwise_not(gray_img)
        ret, gray_img=cv2.threshold(gray_img, 0, 255, cv2.THRESH_BINARY+cv2.THRESH_OTSU)
        x_histogram=np.sum(gray_img, axis=1)
        x_min=np.min(x_histogram)
        x_average=np.sum(x_histogram)/x_histogram.shape[0]
        x_threshold=(x_min+x_average)/2
        wave_peaks=img_math.find_waves(x_threshold, x_histogram)
```

```python
        if len(wave_peaks)==0:
            #print("peak less 0:")
            continue
        #认为水平方向,最大的波峰为车牌区域
        wave=max(wave_peaks, key=lambda x: x[1]- x[0])
        gray_img=gray_img[wave[0]:wave[1]]
        #查找垂直直方图波峰
        row_num, col_num=gray_img.shape[:2]
        #去掉车牌上、下边缘1个像素,避免白边影响阈值判断
        gray_img=gray_img[1:row_num- 1]
        y_histogram=np.sum(gray_img, axis=0)
        y_min=np.min(y_histogram)
        y_average=np.sum(y_histogram)/y_histogram.shape[0]
        y_threshold=(y_min+y_average)/5   #U 和 0 要求阈值偏小,否则 U 和 0 会被分成两半
        wave_peaks=img_math.find_waves(y_threshold, y_histogram)
        if len(wave_peaks) < 6:
            #print("peak less 1:", len(wave_peaks))
            continue
        wave=max(wave_peaks, key=lambda x: x[1]- x[0])
        max_wave_dis=wave[1]- wave[0]
        #判断是否是左侧车牌边缘
        if wave_peaks[0][1]- wave_peaks[0][0] < max_wave_dis/3 and wave_peaks[0][0]==0:
            wave_peaks.pop(0)
        #组合分离汉字
        cur_dis=0
        for i, wave in enumerate(wave_peaks):
            if wave[1]- wave[0]+cur_dis > max_wave_dis*0.6:
                break
            else:
                cur_dis+=wave[1]- wave[0]
        if i > 0:
            wave=(wave_peaks[0][0], wave_peaks[i][1])
            wave_peaks=wave_peaks[i+1:]
            wave_peaks.insert(0, wave)
        point=wave_peaks[2]
        point_img=gray_img[:, point[0]:point[1]]
        if np.mean(point_img) < 255/5:
            wave_peaks.pop(2)
        if len(wave_peaks) <=6:
            #print("peak less 2:", len(wave_peaks))
            continue
```

```python
#print(wave_peaks)
#wave_peaks  车牌字符类型列表包含7个(开始的横坐标,结束的横坐标)
part_cards=img_math.seperate_card(gray_img, wave_peaks)
for i, part_card in enumerate(part_cards):
    #可能是固定车牌的铆钉
    if np.mean(part_card) < 255/5:
        #print("a point")
        continue
    part_card_old=part_card
    w=abs(part_card.shape[1]-SZ)//2
    part_card=cv2.copyMakeBorder(part_card, 0, 0, w, w, cv2.BORDER_CONSTANT, value=[0, 0, 0])
    part_card=cv2.resize(part_card, (SZ, SZ), interpolation=cv2.INTER_AREA)
    part_card=img_recognition.preprocess_hog([part_card])
    if i==0:
        resp=self.modelchinese.predict(part_card)
        charactor=img_recognition.provinces[int(resp[0])-PROVINCE_START]
    else:
        resp=self.model.predict(part_card)
        charactor=chr(resp[0])
    #判断最后一个数是否是车牌边缘,假设车牌边缘被认为是1
    if charactor=="1" and i==len(part_cards)-1:
        if part_card_old.shape[0]/part_card_old.shape[1] >=7:   #1 太细,认为是边缘
            continue
    predict_result.append(charactor)
    predict_str="".join(predict_result)
    roi=card_img
    card_color=color
    break
cv2.imwrite("tmp/img_caijian.jpg", roi)
return predict_str, roi, card_color   #识别到的字符、定位的车牌图像、车牌颜色
#img_math.py
import cv2
import numpy as np
Min_Area=2000 #车牌区域允许最大面积
"""
该文件包含读文件函数
取零值函数
矩阵校正函数
颜色判断函数
"""
```

```python
def img_read(filename):
    '''
    以 uint8 方式读取 filename
    放入 imdecode, cv2.IMREAD_COLOR 读取彩色照片
    '''
    #cv2.IMREAD_COLOR：读入一幅彩色图像。图像的透明度会被忽略，这是默认参数
    #cv2.IMREAD_GRAYSCALE：以灰度模式读入图像
    #cv2.IMREAD_UNCHANGED：读入一幅图像，并且包括图像的 alpha 通道
    return cv2.imdecode(np.fromfile(filename, dtype=np.uint8), cv2.IMREAD_COLOR)
def find_waves(threshold, histogram):
    up_point=-1  #上升点
    is_peak=False
    if histogram[0] > threshold:
        up_point=0
        is_peak=True
    wave_peaks=[]
    for i, x in enumerate(histogram):
        if is_peak and x < threshold:
            if i-up_point > 2:
                is_peak=False
                wave_peaks.append((up_point, i))
        elif not is_peak and x >=threshold:
            is_peak=True
            up_point=i
    if is_peak and up_point!=-1 and i-up_point > 4:
        wave_peaks.append((up_point, i))
    return wave_peaks
def point_limit(point):
    if point[0] < 0:
        point[0]=0
    if point[1] < 0:
        point[1]=0
def accurate_place(card_img_hsv, limit1, limit2, color):
    row_num, col_num=card_img_hsv.shape[:2]
    xl=col_num
    xr=0
    yh=0
    yl=row_num
    row_num_limit=21
    col_num_limit=col_num*0.8 if color!="green" else col_num*0.5   #绿色有渐变
    for i in range(row_num):
```

```
            count=0
            for j in range(col_num):
                H=card_img_hsv.item(i, j, 0)
                S=card_img_hsv.item(i, j, 1)
                V=card_img_hsv.item(i, j, 2)
                if limit1 < H <=limit2 and 34 < S and 46 < V:
                    count+=1
            if count > col_num_limit:
                if yl > i:
                    yl=i
                if yh < i:
                    yh=i
        for j in range(col_num):
            count=0
            for i in range(row_num):
                H=card_img_hsv.item(i, j, 0)
                S=card_img_hsv.item(i, j, 1)
                V=card_img_hsv.item(i, j, 2)
                if limit1 < H <=limit2 and 34 < S and 46 < V:
                    count+=1
            if count > row_num- row_num_limit:
                if xl > j:
                    xl=j
                if xr < j:
                    xr=j
        return xl, xr, yh, yl
    def img_findContours(img_contours):
        #查找轮廓
        #cv2.findContours()函数有3个参数,第一个是输入图像,第二个是轮廓检索模式,第三个是轮廓近似方法。参数为二值图像,即黑白图像(不是灰度图像)
        #返回值有3个,第一个是图像,第二个是轮廓,第三个是(轮廓的)层析结构
        #轮廓(第二个返回值)是一个 Python 列表,其中存储着图像中的所有轮廓
        #每一个轮廓都是一个 numpy 数组,包含对象边界点(x,y)的坐标
        contours, hierarchy = cv2.findContours (img_contours, cv2.RETR_TREE, cv2.CHAIN_APPROX_SIMPLE)
        #cv2.RETR_TREE 建立一个等级树结构的轮廓
        #cv2.CHAIN_APPROX_SIMPLE 压缩水平方向、垂直方向、对角线方向的元素
        #只保留该方向的终点坐标,例如一个矩形轮廓只需4个点来保存轮廓信息
        #cv2.contourArea( )函数用来计算该轮廓的面积
        contours=[cnt for cnt in contours if cv2.contourArea(cnt) > Min_Area]
        #print("findContours len=", len(contours))
        #面积小的都筛选掉
```

```python
car_contours=[]
for cnt in contours:
    ant=cv2.minAreaRect(cnt) #得到最小外接矩形的(中心(x,y),(宽,高),旋转角度)
    width, height=ant[1]
    if width < height:
        width, height=height, width
    ration=width/height
    if 2 < ration < 5.5:
        car_contours.append(ant)
        #box=cv2.boxPoints(ant) #获得要绘制这个矩形的4个角点
return car_contours
def img_Transform(car_contours, oldimg, pic_width, pic_hight):
    """
    进行矩形矫正
    """
    car_imgs=[]
    for car_rect in car_contours: #(中心(x,y),(宽,高),旋转角度)
        if-1 < car_rect[2] < 1:
            angle=1
            #当角度为-1~1时,默认为1
        else:
            angle=car_rect[2]
        car_rect=(car_rect[0], (car_rect[1][0]+5, car_rect[1][1]+5), angle)
        box=cv2.boxPoints(car_rect) #获得要绘制这个矩形的4个角点
        heigth_point=right_point=[0, 0]
        left_point=low_point=[pic_width, pic_hight]
        for point in box:
            if left_point[0] > point[0]:
                left_point=point
            if low_point[1] > point[1]:
                low_point=point
            if heigth_point[1] < point[1]:
                heigth_point=point
            if right_point[0] < point[0]:
                right_point=point
        if left_point[1] <=right_point[1]:  #正角度
            new_right_point=[right_point[0], heigth_point[1]]
            pts2=np.float32([left_point, heigth_point, new_right_point])   #字符只是高度,需要改变
            pts1=np.float32([left_point, heigth_point, right_point])
            #仿射变换
            M=cv2.getAffineTransform(pts1, pts2)
```

```
                dst=cv2.warpAffine(oldimg, M, (pic_width, pic_hight))
                point_limit(new_right_point)
                point_limit(heigth_point)
                point_limit(left_point)
                car_img=dst[int(left_point[1]):int(heigth_point[1]), int(left_point[0]):int(new_right_point[0])]
                car_imgs.append(car_img)
            elif left_point[1] > right_point[1]:    #负角度
                new_left_point=[left_point[0], heigth_point[1]]
                pts2=np.float32([new_left_point, heigth_point, right_point])    #字符只是高度,需要改变
                pts1=np.float32([left_point, heigth_point, right_point])
                M=cv2.getAffineTransform(pts1, pts2)
                dst=cv2.warpAffine(oldimg, M, (pic_width, pic_hight))
                point_limit(right_point)
                point_limit(heigth_point)
                point_limit(new_left_point)
                car_img=dst[int(right_point[1]):int(heigth_point[1]), int(new_left_point[0]):int(right_point[0])]
                car_imgs.append(car_img)
        return car_imgs
    def img_color(card_imgs):
        """
        颜色判断函数
        """
        colors=[]
        for card_index, card_img in enumerate(card_imgs):
            green=yellow=blue=black=white=0
            try:
                card_img_hsv=cv2.cvtColor(card_img, cv2.COLOR_BGR2HSV)
            except:
                print("矫正矩形出错, 转换失败") #可能原因：上面矫正矩形出错
            if card_img_hsv is None:
                continue
            row_num, col_num=card_img_hsv.shape[:2]
            card_img_count=row_num*col_num
            for i in range(row_num):
                for j in range(col_num):
                    H=card_img_hsv.item(i, j, 0)
                    S=card_img_hsv.item(i, j, 1)
                    V=card_img_hsv.item(i, j, 2)
                    if 11 < H <=34 and S > 34:
                        yellow+=1
                    elif 35 < H <=99 and S > 34:
```

```
                green+=1
            elif 99 < H <=124 and S > 34:
                blue+=1
            if 0 < H < 180 and 0 < S < 255 and 0 < V < 46:
                black+=1
            elif 0 < H < 180 and 0 < S < 43 and 221 < V < 225:
                white+=1
    color="no"
    limit1=limit2=0
    if yellow*2 >=card_img_count:
        color="yellow"
        limit1=11
        limit2=34   #有的图像有色偏,偏绿
    elif green*2 >=card_img_count:
        color="green"
        limit1=35
        limit2=99
    elif blue*2 >=card_img_count:
        color="blue"
        limit1=100
        limit2=124   #有的图像有色偏,偏紫
    elif black+white >=card_img_count*0.7:
        color="bw"
    colors.append(color)
    card_imgs[card_index]=card_img
    if limit1==0:
        continue
    xl, xr, yh, yl=accurate_place(card_img_hsv, limit1, limit2, color)
    if yl==yh and xl==xr:
        continue
    need_accurate=False
    if yl >=yh:
        yl=0
        yh=row_num
        need_accurate=True
    if xl >=xr:
        xl=0
        xr=col_num
        need_accurate=True
    if color=="green":
        card_imgs[card_index]=card_img
    else:
```

```
                card_imgs[card_index]=card_img[yl:yh, xl:xr] if color！="green" or yl < (yh-yl)//4 else card_
img[yl-(yh-yl)//4:yh,xl:xr]
            if need_accurate:
                card_img=card_imgs[card_index]
                card_img_hsv=cv2.cvtColor(card_img, cv2.COLOR_BGR2HSV)
                xl, xr, yh, yl=accurate_place(card_img_hsv, limit1, limit2, color)
                if yl==yh and xl==xr:
                    continue
                if yl >=yh:
                    yl=0
                    yh=row_num
                if xl >=xr:
                    xl=0
                    xr=col_num
                if color=="green":
                    card_imgs[card_index]=card_img
                else:
                    card_imgs[card_index]=card_img[yl:yh, xl:xr] if color！="green" or yl < (yh-yl)//4 else card_
img[yl-(yh-yl)//4:yh,xl:xr]
        return colors, card_imgs
    def seperate_card(img, waves):
        """
        分离车牌字符
        """
        h, w=img.shape
        part_cards=[]
        i=0
        for wave in waves:
            i=i+1
            part_cards.append(img[:, wave[0]:wave[1]])
            chrpic=img[0:h,wave[0]:wave[1]]
            #保存分离后的车牌图像
            cv2.imwrite('tmp/chechar{}.jpg'.format(i),chrpic)
        return part_cards
    img_recognition.py
    import cv2
    import numpy as np
    from numpy.linalg import norm
    SZ=20   #训练图像宽、高
    MAX_WIDTH=1000    #原始图像最大宽度
    Min_Area=2000   #车牌区域允许最大面积
    PROVINCE_START=1000
```

```python
#来自opencv的sample,用于SVM训练
#def deskew(img):
#m=cv2.moments(img)
#if abs(m['mu02']) < 1e-2:
#return img.copy()
#skew=m['mu11']/m['mu02']
#M=np.float32([[1, skew,-0.5*SZ*skew], [0, 1, 0]])
#img=cv2.warpAffine(img, M, (SZ, SZ), flags=cv2.WARP_INVERSE_MAP | cv2.INTER_LINEAR)
#return img
#来自opencv的sample,用于SVM训练
def preprocess_hog(digits):
    samples=[]
    for img in digits:
        gx=cv2.Sobel(img, cv2.CV_32F, 1, 0)
        gy=cv2.Sobel(img, cv2.CV_32F, 0, 1)
        mag, ang=cv2.cartToPolar(gx, gy)
        bin_n=16
        bin=np.int32(bin_n*ang/(2*np.pi))
        bin_cells=bin[:10, :10], bin[10:, :10], bin[:10, 10:], bin[10:, 10:]
        mag_cells=mag[:10, :10], mag[10:, :10], mag[:10, 10:], mag[10:, 10:]
        hists=[np.bincount(b.ravel(), m.ravel(), bin_n) for b, m in zip(bin_cells, mag_cells)]
        hist=np.hstack(hists)
        #转换为海林格核
        eps=1e-7
        hist/=hist.sum()+eps
        hist=np.sqrt(hist)
        hist/=norm(hist)+eps
        samples.append(hist)
    return np.float32(samples)
provinces=[
    "zh_chuan", "川",
    "zh_e", "鄂",
    "zh_gan", "赣",
    "zh_gan1", "甘",
    "zh_gui", "贵",
    "zh_gui1", "桂",
    "zh_hei", "黑",
    "zh_hu", "沪",
    "zh_ji", "冀",
    "zh_jin", "津",
    "zh_jing", "京",
    "zh_jil", "吉",
```

```
    "zh_liao","辽",
    "zh_lu","鲁",
    "zh_meng","蒙",
    "zh_min","闽",
    "zh_ning","宁",
    "zh_qing","青",
    "zh_qiong","琼",
    "zh_shan","陕",
    "zh_su","苏",
    "zh_sx","晋",
    "zh_wan","皖",
    "zh_xiang","湘",
    "zh_xin","新",
    "zh_yu","豫",
    "zh_yu1","渝",
    "zh_yue","粤",
    "zh_yun","云",
    "zh_zang","藏",
    "zh_zhe","浙"
]
color_tr={
    "green":("绿牌","#55FF55"),
    "yellow":("黄牌","#FFFF00"),
    "blue":("蓝牌","#6666FF")
    }
#Main.py
import cv2,os
from tkinter.filedialog import askopenfilename
from tkinter import ttk
import tkinter as tk
from PIL import Image,ImageTk
import img_function as predict
import img_math as img_math
import img_recognition as img_rec
def HyperLPR_PlateRecogntion(img_bgr):
    pass
class UI_main(ttk.Frame):
    pic_path=""    #图像路径
    pic_source=""
    colorimg='white'    #车牌颜色
    cameraflag=0
```

```python
    width = 700   #宽
    height = 400  #高
    color_transform = img_rec.color_tr
    def __init__(self, win):
        ttk.Frame.__init__(self, win)
        win.title("车牌识别系统")
        win.geometry('+300+200')
        win.minsize(UI_main.width, UI_main.height)
        win.configure(relief=tk.RIDGE)
        #win.update()
        self.pack(fill=tk.BOTH)
        frame_left = ttk.Frame(self)
        frame_right_1 = ttk.Frame(self)
        frame_right_2 = ttk.Frame(self)
        frame_left.pack(side=tk.LEFT, expand=1, fill=tk.BOTH)
        frame_right_1.pack(side=tk.TOP, expand=1, fill=tk.Y)
        frame_right_2.pack()
        #界面左边:车牌识别主界面大图片
        self.image_ctl = ttk.Label(frame_left)
        self.image_ctl.pack()
        #界面右边:定位车牌位置、识别结果
        ttk.Label(frame_right_1, text='定位车牌:', font=('Times', '14')).grid(
            column=0, row=6, sticky=tk.NW)
        self.roi_ct2 = ttk.Label(frame_right_1)
        self.roi_ct2.grid(column=0, row=7, sticky=tk.W, pady=5)
        ttk.Label(frame_right_1, text='识别结果:', font=('Times', '14')).grid(
            column=0, row=8, sticky=tk.W, pady=5)
        self.r_ct2 = ttk.Label(frame_right_1, text="", font=('Times', '20'))
        self.r_ct2.grid(column=0, row=9, sticky=tk.W, pady=5)
        #车牌颜色
        self.color_ct2 = ttk.Label(frame_right_1, background=self.colorimg,
                text="", width="4", font=('Times', '14'))
        self.color_ct2.grid(column=0, row=10, sticky=tk.W)
        #界面右下角
        from_pic_ctl = ttk.Button(
            frame_right_2, text="车牌图像", width=20, command=self.from_pic)
        from_pic_ctl.grid(column=0, row=1)
        #清除识别数据
        from_pic_chu = ttk.Button(
            frame_right_2, text="清除识别数据", width=20, command=self.clean)
```

```python
        from_pic_chu.grid(column=0, row=2)
        #查看图像处理过程
        from_pic_chu=ttk.Button(
            frame_right_2, text="查看图像处理过程", width=20, command=self.pic_chuli)
        from_pic_chu.grid(column=0, row=3)
        self.clean()
        self.predictor=predict.CardPredictor()
        self.predictor.train_svm()
    def get_imgtk(self, img_bgr):
        img=cv2.cvtColor(img_bgr, cv2.COLOR_BGR2RGB)
        im=Image.fromarray(img)
        pil_image_resized=im.resize((500,400),Image.ANTIALIAS)
        imgtk=ImageTk.PhotoImage(image=pil_image_resized)
        return imgtk
    #显示图像处理过程
    def pic_chuli(self):
        os.system("python ./chuli.py")
    def pic(self, pic_path):
        img_bgr=img_math.img_read(pic_path)
        first_img, oldimg=self.predictor.img_first_pre(img_bgr)
        if not self.cameraflag:
            self.imgtk=self.get_imgtk(img_bgr)
            self.image_ctl.configure(image=self.imgtk)
        r_color, roi_color, color_color=self.predictor.img_only_color(oldimg,
                                oldimg, first_img)
        self.color_ct2.configure(background=color_color)
        try:
            Plate=HyperLPR_PlateRecogntion(img_bgr)
            r_color=Plate[0][0]
        except:
            pass
        self.show_roi(r_color, roi_color, color_color)
        self.colorimg=color_color
        print("|", color_color,
            r_color, "|", self.pic_source)
    #来自图像：打开系统接口获取图像绝对路径
    def from_pic(self):
        self.cameraflag=0
        self.pic_path=askopenfilename(title="选择识别图像", filetypes=[(
            "图像", "*.jpg;*.jpeg;*.png")])
```

```
        self.clean()
        self.pic_source="本地文件:"+self.pic_path
        self.pic(self.pic_path)
        print(self.colorimg)
    def show_roi(self, r, roi, color):    #车牌定位后的图像
        if r:
            try:
                roi=cv2.cvtColor(roi, cv2.COLOR_BGR2RGB)
                roi=Image.fromarray(roi)
                pil_image_resized=roi.resize((200, 50), Image.ANTIALIAS)
                self.tkImage2=ImageTk.PhotoImage(image=pil_image_resized)
                self.roi_ct2.configure(image=self.tkImage2, state='enable')
            except:
                pass
            self.r_ct2.configure(text=str(r))
            try:
                c=self.color_transform[color]
                self.color_ct2.configure(text=c[0], state='enable')
            except:
                self.color_ct2.configure(state='disabled')
    #清除识别数据,还原初始结果
    def clean(self):
        img_bgr3=img_math.img_read("pic/hy.png")
        self.imgtk2=self.get_imgtk(img_bgr3)
        self.image_ctl.configure(image=self.imgtk2)
        self.r_ct2.configure(text="")
        self.color_ct2.configure(text="", state='enable')
        #显示车牌颜色
        self.color_ct2.configure(background='white',text="颜色", state='enable')
        self.pilImage3=Image.open("pic/locate.png")
        pil_image_resized=self.pilImage3.resize((200, 50), Image.ANTIALIAS)
        self.tkImage3=ImageTk.PhotoImage(image=pil_image_resized)
        self.roi_ct2.configure(image=self.tkImage3, state='enable')
if __name__=='__main__':
    win=tk.Tk()
    ui_main=UI_main(win)
    #进入消息循环
    win.mainloop()
```

(3)案例代码的运行结果如图9-4、图9-5所示。

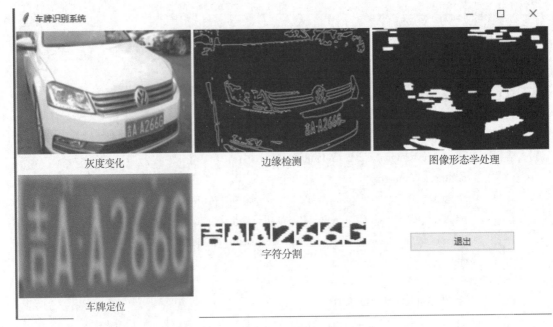

图 9-4　案例代码的运行结果 1

图 9-5　案例代码的运行结果 2

## 本章小结

车牌识别项目是一种常见的计算机视觉应用,在车辆管理、交通安全等领域有着广泛的应用。在实现车牌识别项目的过程中,需注意以下几个方面。

数据集的准备非常关键。数据集应该具有充分的多样性并包含各种不同的车牌类型。此外,数据集还需要经过清洗和预处理,以减少噪声和提高图像质量,这对模型的性能非常重要。

选择合适的算法和模型。车牌识别任务通常涉及多个阶段,包括预处理、车牌定位、字符分割和字符识别等步骤。每个步骤都应该采用合适的算法和模型，并且需要仔细进行参数选择和优化。

模型训练需要耐心和精细。基于深度学习的车牌识别模型通常需要大量的训练样本和计算资源。在训练过程中，需要不断调整模型的超参数和优化算法，以优化性能并防止过拟合。

模型应用需要考虑实际场景。在实际场景中，车辆的速度、角度和光照条件等都可能影响车牌图像的质量和识别效果。针对这些情况，需要对模型进行进一步优化和调整，以实现高效稳定的车牌识别效果。

总之，车牌识别是一项复杂的计算机视觉任务，实现一个高效准确的车牌识别系统需要多方面的技术支持和经验。在项目实现过程中，需要深入研究不同的算法和模型，选择合适的工具和平台，并不断优化调整以达到最佳性能。

# 第 10 章 基于 PyQt5 与 opencv 的图像编辑器

## 章前引言

图像编辑器是一种被广泛使用的软件工具,它可以被用来创建、编辑及修复数字图像。这些图像可以是从数码相机、扫描仪或其他数字设备中获取的照片,也可以是由艺术家们绘制的原创作品。无论是什么类型的图像,图像编辑器都提供了各种功能和选项,方便用户对图像进行调整和修改,如改变色彩平衡、裁剪、调整大小、应用各种效果和滤镜等。本章将介绍图像编辑器的基本概念和常见功能,并提供一些实用技巧,帮助读者更好地理解和使用图像编辑器。

图像编辑器的意义在于,它可以帮助人们对数字图像进行处理和修改,让图像更加符合用户的需求。通过使用图像编辑器,用户可以调整图像的颜色、亮度、对比度、清晰度等参数,以及应用各种效果和滤镜,使图像更加美观且呈现出不同的风格和氛围。同时,图像编辑器为专业人士提供了一些高级工具和功能,如层叠、遮罩、文本添加等,他们运用这些工具和功能能够创建复杂的图像和视觉设计作品。

除此之外,图像编辑器还在许多领域发挥着重要作用。例如,在广告、出版、网页设计、游戏开发等行业中,图像编辑器被广泛应用于制作印刷品、动画、网站图表、界面设计等;在科学、医疗等领域,图像编辑器也被用于图像分析、诊断、研究及治疗过程中。因此,图像编辑器在现代社会中扮演着重要角色,并对人们的生活和工作产生了深远的影响。

## 教学目的与要求

1. 介绍图像的彩色空间转换、滤镜(空间域变换)、图像的变换与合成、频域变换和图像复原的基本概念及其应用。

2. 引导学生了解如何使用 Python 编程语言和 PyQt5 GUI(以下简称 PyQt5)程序开发工具进行图像处理。

3. 鼓励学生通过实践操作,使用 PyQt5 和 Python 编写代码来实现所学的图像处理功能。

## 第10章 基于PyQt5与opencv的图像编辑器

### 学习目标

1. 基础 GUI 编程：了解如何构建基础的图形用户界面（Graphical User Interface，GUI），例如创建按钮、文本框、下拉列表和复选框等控件。
2. 多线程编程：PyQt5 支持多线程编程，这使它在处理复杂任务时更加高效。另外，它提供了灵活的信号槽机制，能够很方便地实现 GUI 与其他组件之间的交互。
3. 事件处理：可以帮助了解如何处理各种不同的事件，如鼠标单击、键盘输入和窗口关闭等事件。
4. 布局管理：帮助自动调整 GUI 元素的位置和大小，以使它们适应不同的屏幕尺寸和分辨率。
5. 使用函数类的对象中创建的图像处理方法将目标进行修改，同时在主窗口类中进行目标组件的修改，向用户进行及时的反馈。

### 学习难点

1. 需要掌握一些复杂的概念和应用程序编程接口（Application Programming Interface，API），如信号和槽、布局管理器和事件处理。
2. 应用程序可能在不同的操作系统上运行时出现问题。
3. 将不同的图像处理操作进行函数封装。

### 素养目标

1. 编程思维：开发者通过编写代码解决实际问题，培养逻辑思考能力和编程思维，具备更好的软件开发能力。
2. 提高代码质量：开发者应了解良好的编程规范并将其应用到实际开发中。良好的代码编写习惯对于提高代码质量很重要。
3. 跨平台开发能力：开发者可以在不同的操作系统上创建相同的应用程序，提供一种扩展开发技能和切换工作环境的方式。
4. 项目管理能力：导入库、分离代码模块、调试程序以及集成测试都是开发者所需的技能，掌握项目管理技能可以有效地提高产品质量和生产效率。

### 10.1 案例基本信息

（1）案例名称：基于 PyQt5 与 opencv 的图像编辑器。
（2）案例涉及的基本理论知识点。
①PyQt5 框架设计。
- 面向对象编程：PyQt5 是面向对象的编程框架，用户需要对 Python 中的类、对象、方法等概念及其基础语法有一定的了解。
- PyQt5 框架结构：PyQt5 框架由一组类、方法和模块构成。要想在 PyQt5 中创建应用程序，用户需要了解主窗口、界面控制、信号与槽等重要构件。

• 事件驱动编程：PyQt5 应用程序是基于事件驱动的，用户需要了解 PyQt5 中的事件处理机制、信号槽机制等相关概念。

• 布局管理器：PyQt5 布局管理器是一种可以帮助开发人员自动排列并调整 GUI 组件大小的工具。用户需要学习不同类型的布局管理器，以及如何选择合适的布局管理器。

• Qt Designer：一个可视化的用户界面开发工具，使用它可以帮助用户快速创建界面。用户需要掌握如何使用 Qt Designer 设计用户界面并将其集成到代码中。

• Qt 文档系统：PyQt5 有完善的文档系统，并且包含了 API 文档、教程、示例等，用户需要掌握如何使用 Qt 文档系统查找所需信息。

②图像处理操作。

• 彩色空间转换：将图像从一种颜色空间转换到另一种颜色空间的过程，通常用于改变图像的色调、饱和度、亮度等属性。

• 直方图处理：一种对图像灰度值分布进行分析和调整的方法，可用于图像增强、阈值分割等。

• 空间域变换：一种在像素级别上对图像进行修改的图像处理方法，常用于平滑、锐化和边缘检测等。

• 频域变换：一种通过在频域对图像的处理来改变其空间域性质的图像处理方法，常用于傅里叶变换、滤波、图像压缩和图像增强等。

• 图像的变换与合成：一种将多幅图像组合成一幅新的图像的处理方法，常用于图像融合、全景拼接和艺术创作等。

• 图像复原：一种通过对已有的模糊、噪声图像进行处理，以尽量恢复原始清晰的图像的过程，常用于恢复老照片、医学图像分析和电视信号处理等。

（3）案例使用的平台、语言及库函数如下。

平台：PyCharm。

语言：Python。

库函数：PyQt5、cv2、PIL、pylab、numpy、math、function。

## 10.2 案例设计方案

本节对本案例的基本思路及其创新点进行了介绍。

（1）案例描述。

本案例实现将图像进行各种数字图像处理。

①彩色空间转换。

将输入的图像 img 转换成指定的颜色类型 c_type。

cv2.cvtColor( ) 函数使用了 opencv 库中的 cv.cvtColor( ) 方法，它可以实现从一种颜色空间到另一种颜色空间的转换。在调用这个方法时，需要传入两个参数，第一个参数是要转换的图像，第二个参数是目标颜色空间类型。

cv2.creatCLAHE( ) 函数支持 5 种不同的颜色类型：HSV、GRAY、BGRA、HLS 和 YUV，并且在转换完成后，会将结果保存到文件系统中，并返回转换后的图像。如图 10-1 所示为同一图像在 GRAY、BGRA、HLS 和 YUV 颜色类型下的效果。

图 10-1　不同颜色类型下的图像效果

②直方图。

通过传入一幅彩色或灰度图像 img，并调用 cv.createCLAHE( )方法来创建一个 CLAHE 对象 clahe 进行直方图均衡化操作，进而得到一幅新的经过自适应直方图均衡化后的图像 out。

在 QFileDialog 类的函数内部，首先判断传入的图像是否为灰度图像。若是灰度图像，则直接使用 clahe.apply( )方法对当前图像进行处理并将处理结果保存到 out 变量中。若不是灰度图像，则需要先将图像分离成 3 个通道（BGR），再对每个通道进行处理，最后将它们合并成一幅新的图像。处理完成后，getOpenFileName( )方法会将结果保存到文件系统中，并返回转换后的图像。

其中，调用 plt.hist( )方法来绘制原始图像的直方图，显示输入图像和输出图像之间的差异。如图 10-2 所示为自适应直方图均衡化和全局直方图均衡化生成的图。

图 10-2　自适应直方图均衡化和全局直方图均衡化生成的图

③图像合成。

图像合成可以将两幅输入图像 img1 和 img2 进行水平或垂直方向上的拼接，并返回拼接后的图像。在 opencv 库的内部，首先通过 QFileDialog.getOpenFileName( ) 方法弹出文件选择对话框，让用户选择要拼接的第二幅图像。然后，读入该图像并保存到 self.IMG2 变量中。

接下来，调用 ph.conectImage( ) 方法将两幅图像进行拼接，得到新的拼接后的图像，并将结果保存到 self.image 变量中。最后，更新前端显示的图像，以显示拼接后的图像。如图 10-3 所示为任意两幅图像进行水平合成后的效果图。

④统计排序滤波。

统计排序滤波是一种基于排序统计理论的非线性信号处理技术，它的基本思想是用每个像素点周围邻域窗口内的像素灰度值的中值、最大值或最小值来取代该像素点的灰度值，从而达到去除椒盐噪声的目的。在 cv2.medianBlur 函数中，首先将输入的彩色图像转换成灰度图像，并使用 np.pad( ) 方法来对图像进行边缘填充，然后选择 3×3 的核模板，对图像进行滤波处理，最后将结果保存到文件系统中。如图 10-4 所示为椒盐噪声图及其经过不同滤波方法处理后的效果图。

图 10-3　图像合成示例图

图 10-4　椒盐噪声及中值、最大值、最小值滤波处理图
(a)椒盐噪声；(b)中值滤波；(c)最大值滤波；(d)最小值滤波

⑤图像二值化。

在 opencv 库的内部，首先通过调用 cv.bilateralFilter( )方法对输入图像进行双边滤波处理，以平滑图像、去除噪点。接着，将得到的平滑后的图像转换成灰度图像，然后使用 cv.medianBlur( )方法对灰度图像进行中值滤波处理，以进一步降低图像中的噪声。

接下来，使用 cv.threshold( )方法对中值滤波后的灰度图像进行阈值处理，得到一幅二值图像。其中，cv.threshold( )方法使用二进制反转阈值操作（cv.THRESH_BINARY_INV）将白色像素设置为 0，黑色像素设置为 1。

最后，使用 cv.erode( )和 cv.morphologyEx( )方法对二值图像进行腐蚀和开操作，以使图像更加细化和平滑，并返回处理后的结果 out，同时将其保存到文件系统中。如图 10-5 所示为原始图像及其进行中值滤波、阈值处理得到二值图像的对比图。

图 10-5　原始图像与二值化处理效果图

(2)案例创新点。

本案例中,PyQt5 是一种 GUI 工具包,可以用于创建交互式应用程序和桌面应用程序。数字图像处理通常是利用计算机对数字图像进行分析、处理和增强的过程。将 PyQt5 与数字图像处理结合使用,可以方便地为用户提供一个直观易懂、功能丰富的图像处理界面,从而使用户更加高效地处理数字图像。

丰富的组件库:PyQt5 工具包包含各种可重用的 UI(User Interface,用户界面)组件,如窗口、标签、按钮、文本框、列表框、树视图等,开发人员可以自由选择使用这些组件来构建用户界面。

支持多平台:PyQt5 是基于 Qt 库开发的 Python 工具包,可以支持多个操作系统平台,如 Windows、Linux 和 Mac OS 等,这使开发人员可以在多个平台上开发软件,同时方便了跨平台开发。

Pythonic API:PyQt5 工具包提供了 pythonic API,使开发人员能够更加轻松地使用 Python 去开发和实现 GUI 应用,在开发过程中无须学习太多的 C++语法知识。

应用广泛:在科学计算、数据分析、机器学习等领域中,PyQt5 被广泛应用。尤其是在机器学习领域,PyQt5 可以轻松地将模型和算法部署到 GUI 上,方便用户直观地使用和查看。

开源免费:PyQt5 是一个开源免费的软件工具包,在使用和分发上没有任何商业限制,开发人员可以充分利用和分享这一工具的强大功能。

## ▶▶▶ 10.3 案例代码 ▶▶▶

本案例首先读取一幅图像,根据信号槽机制连接到相应的处理函数,再根据对应文本找到函数类中相应的图像处理函数进行图像变换,将处理后的结果保存至目标路径,在窗口类中把保存的路径封装到组件中,这样图像就能在窗口中进行显示。

```python
#window.py
from PIL import Image, ImageDraw, ImageFont
from PyQt5.QtWidgets import (QMainWindow, QMenuBar, QToolBar, QTextEdit, QAction, QApplication,
            qApp, QMessageBox, QFileDialog, QLabel, QHBoxLayout, QGroupBox,
            QComboBox, QGridLayout, QLineEdit, QSlider, QPushButton)
from PyQt5.QtGui import *
from PyQt5.QtGui import QPalette, QImage, QPixmap, QBrush
from PyQt5.QtCore import *
import sys
import cv2 as cv
import numpy as np
import function as ph
import time
from pylab import *
class Window(QMainWindow):
    image=0
    path=''
```

```
        makeupvalue=25
        #alpha=0.6
        text=''
        #p_x=50
        #p_y=150
        angle=0
        change_path="out.jpg"
        IMG1=''
        IMG2='null'
        x1=96
        x2=160
        y1=18
        y2=224
        ILPF_d, GLPF_d, BLPF_d, IHPF_d, GHPF_d, BHPF_d=30, 30, 30, 150, 150, 150
        GLPF_n, BLPF_n, GHPF_n, BHPF_n=2, 2, 2, 2
        d1, d2, d3, d4=-1.5, 1, 1.5, 0
        def __init__(self):
            #super(Window, self).init()
            #表示使用Window类的父类方法进行初始化,即QWidget类的构造函数
            super(Window, self).__init__()
            #界面初始化
            #用于创建菜单栏和菜单项
            self.createMenu()
            #用于显示图像
            self.image_show()
            #用于创建一个字体选择器组合框
            #self.font_GroupBox()
            #用于将各个控件添加到主窗口中,并设置窗口的布局和属性
            self.initUI()
    #菜单栏
    def createMenu(self):
        #menubar=QMenuBar(self)
        #self.menuBar()方法会在Window对象(或Window类的子类)中创建一个菜单栏并将其分配给一个变量menubar
        #这个方法是QWidget类中的一个方法,用于创建一个新的QMenuBar对象,并将其添加到窗口中
        menubar=self.menuBar()
        menu1=menubar.addMenu("文件")
        menu1.addAction("打开")
        menu1.addAction("保存")
        menu2=menubar.addMenu("原图")
        menu2.addAction("返回原图")
        menu3=menubar.addMenu("彩色空间转换")
```

```
menu3.addAction("转 HSV")
menu3.addAction("转 GRAY")
menu3.addAction("转 BGRA")
menu3.addAction("转 HLS")
menu3.addAction("转 YUV")
menu4=menubar.addMenu("直方图")
menu4_1=menu4.addMenu("拉伸")
menu4_1.addAction("线性拉伸")
menu4_1.addAction("非线性拉伸")
menu4_2=menu4.addMenu("均衡")
menu4_2.addAction("自适应均衡")
menu4_2.addAction("全局均衡")
menu5=menubar.addMenu("滤镜")
menu5_1=menu5.addMenu("平滑")
menu5_1.addAction("均值滤波")
menu5_1.addAction("高斯滤波")
menu5_1.addAction("中值滤波")
menu5_2=menu5.addMenu("锐化")
menu5_2.addAction("锐化")
menu5_2.addAction("边界")
menu5_2.addAction("Sobel")
menu5_2.addAction("Laplacian")
menu5_2.addAction("Robert")
menu5_2.addAction("浮雕")
menu5_2.addAction("锐化掩蔽")
menu5_2.addAction("高斯滤波")
#menu5_2.addAction("锐化 2")
#menu5_2.addAction("锐化 3")
menu5.addAction("磨皮")
menu5.addAction("二值化")
menu5_3=menu5.addMenu("灰度变换")
menu5_3.addAction("对数变换")
menu5_3.addAction("幂律变换")
menu5_3.addAction("分段线性变换")
menu6=menubar.addMenu("图像变换")
menu6_3=menu6.addMenu("缩放")
menu6_3.addAction("放大")
menu6_3.addAction("缩小")
menu6_1=menu6.addMenu("旋转")
menu6_1.addAction("右旋转 90 度")
menu6_1.addAction("左旋转 90 度")
```

```
#menu6. addAction("投影矫正")
#menu6. addAction("模糊消除")
menu7=menubar. addMenu("图像合成")
menu7. addAction("图像拼接")
#menu7. addAction("更换背景")
#menu7. addAction("换头")
menu8=menubar. addMenu("频域变换")
menu8. addAction("FFT 变换")
menu8_1=menu8. addMenu("频域低通滤波")
menu8_2=menu8. addMenu("频域高通滤波")
menu8_1. addAction("掩模低通滤波")
menu8_1. addAction("理想低通滤波")
menu8_1. addAction("高斯低通滤波")
menu8_1. addAction("巴特沃思低通滤波")
menu8_2. addAction("掩模高通滤波")
menu8_2. addAction("理想高通滤波")
menu8_2. addAction("高斯高通滤波")
menu8_2. addAction("巴特沃思高通滤波")
menu9=menubar. addMenu("图像复原")
menu9_1=menu9. addMenu("均值噪声滤波")
menu9_1. addAction("算术均值滤波")
menu9_1. addAction("几何均值滤波")
menu9_1. addAction("谐波均值滤波")
menu9_1. addAction("逆谐波均值滤波")
menu9_2=menu9. addMenu("统计排序滤波")
menu9_2. addAction("中值滤波")
menu9_2. addAction("最大值滤波")
menu9_2. addAction("最小值滤波")
menu9_2. addAction("中点滤波")
menu9_2. addAction("修正后的阿尔法均值滤波")
menu9_3=menu9. addMenu("自适应滤波")
menu9_3. addAction("自适应局部噪声消除")
menu9_3. addAction("自适应中值滤波")
menu9_6=menu9. addMenu("带阻滤波")
menu9_6. addAction("理想带阻滤波")
menu9_6. addAction("巴特沃思带阻滤波")
menu9_6. addAction("高斯带阻滤波")
menu9_4=menu9. addMenu("带通滤波")
menu9_4. addAction("理想带通滤波")
menu9_4. addAction("巴特沃思带通滤波")
menu9_4. addAction("高斯带通滤波")
```

```
menu9_5=menu9.addMenu("陷波滤波")
menu9_5_1=menu9_5.addMenu("陷波带阻滤波")
menu9_5_1.addAction("陷波带阻滤波")
menu9_5_1.addAction("巴特沃思陷波带阻滤波")
menu9_5_1.addAction("高斯陷波带阻滤波")
menu9_5_2=menu9_5.addMenu("陷波带通滤波")
menu9_5_2.addAction("陷波带通滤波")
menu9_5_2.addAction("巴特沃思陷波带通滤波")
menu9_5_2.addAction("高斯陷波带通滤波")
#发射信号绑定信号槽
menu1.triggered[QAction].connect(self.menu1_process)
menu2.triggered[QAction].connect(self.menu2_process)
menu3.triggered[QAction].connect(self.menu3_process)
menu4.triggered[QAction].connect(self.menu4_process)
menu5.triggered[QAction].connect(self.menu5_process)
menu6.triggered[QAction].connect(self.menu6_process)
menu7.triggered[QAction].connect(self.menu7_process)
menu8.triggered[QAction].connect(self.menu8_process)
menu9.triggered[QAction].connect(self.menu9_process)
#像素图显示
def image_show(self):
    self.lbl=QLabel(self)
    #self.lbl.setPixmap(QPixmap('E:/python/3.jpg'))  默认图像
    #调用它的setAlignment()方法来设置对齐方式。Qt.AlignCenter表示将label对象的内容居中对齐,即水平和垂直方向都居中
    self.lbl.setAlignment(Qt.AlignCenter)   #图像显示区,居中
    self.lbl.setGeometry(250, 35, 800, 500)
    self.lbl.setStyleSheet("background-color: rgba(255, 255, 255, 0.5); border-radius: 10px; border: 2px solid" "#6CAEE0")
def initUI(self):
    self.setGeometry(50, 50, 1300, 550)
    self.setWindowTitle('图像编辑器')
    self.setWindowIcon(QIcon(r"E:/python/3.jpg"))
    palette=QPalette()
    #创建了一个QPalette对象palette,它包含了主窗口的颜色表。通过调用setColor()方法设置当前颜色为白色,并将该颜色应用于主窗口的背景色
    palette.setColor(self.backgroundRole(), QColor(255, 255, 255))
    #self.backgroundRole()是PyQt5中QWidget类的一个方法,用于获取当前控件的背景颜色
    #加载背景图像
    pixmap=QPixmap("b2.jpg")
    #self.setWindowOpacity(0.5) #主窗口透明度
    #设置palette的背景画刷为背景图像
```

```
            palette.setBrush(self.backgroundRole(), QBrush(pixmap))
```
#该语句将 QPixmap 对象转换为 QBrush 对象,并将其应用于当前控件的背景画刷。这样,就可以将图像设置为窗口的背景了
```
            self.setPalette(palette)
            self.show()
```
#PyQt5:这是一个 Python 库,用于创建基于 Qt GUI 的应用程序。它包含了一系列模块和类,可以用来创建窗口、按钮、菜单等 GUI 组件,并实现事件处理等功能

#QWidget 类:在 PyQt5 中,QWidget 类是所有可视化组件的基类。它提供了一些常用的属性和方法,可以用来设置窗口的大小、标题、图标等

#setGeometry()方法:用于设置窗口的位置和大小。其参数分别表示窗口的 x 坐标、y 坐标、宽度和高度

#setWindowTitle()方法:用于设置窗口的标题

#setWindowIcon()方法:用于设置窗口的图标。其中,QIcon 类用于加载并显示图标文件

#QPalette 类:用于设置组件的颜色表,可以控制组件的前景色、背景色、文本颜色等

#setColor()方法:用于设置当前颜色。其中,第一个参数表示颜色类型(如背景色),第二个参数表示颜色值

#QPixmap 类:该类用于加载并显示图像文件。其中,load()方法用于加载图像文件,scaled()方法用于缩放图像

#setBrush()方法:用于设置当前颜色表的画刷。其中,第一个参数表示画刷类型(如背景色),第二个参数表示 QBrush 对象

#setPalette()方法:用于设置组件的颜色表

#show()方法:用于显示窗口

#菜单 1 处理:文件
```
        def menu1_process(self, q):
            if q.text()=="打开":
                choose=1
            else:
                choose=2
            if choose==1:
```
                #当用户成功选择了一个文件后,QFileDialog.getOpenFileName()方法会返回一个元组(file_path, file_type),其中 file_path 表示用户选择的文件路径,file_type 表示用户选择的文件类型。此处将该元组赋值给 self.path 变量,用于后续处理
```
                self.path=QFileDialog.getOpenFileName(self, '打开文件', 'out.jpg',
                            "All Files (*);;(*.bmp);;(*.tif);;(*.png);;(*.jpg)")
                self.image=cv.imread(self.path[0])
                self.IMG1=self.image
                #self.path[0]
```
                #表示用户选择的文件路径,而 QPixmap(self.path[0])则是将该文件路径转化为一个 QPixmap 类型的对象。QPixmap 是 Qt 框架中用于处理位图图像的类,通过该类可以方便地加载和显示位图图像

                #接着,通过调用 QLabel 对象(self.lbl)的 setPixmap()方法将上述 QPixmap 对象设置为 label 的展示内容,从而将选中的图像显示在程序界面上
```
                self.lbl.setPixmap(QPixmap(self.path[0]))
            else:
                save_path=QFileDialog.getSaveFileName(self, '保存文件', '',
```

```python
                    "All Files (*);;(*. bmp);;(*. tif);;(*. png);;(*. jpg)")
    cv. imwrite(save_path, self. image)
#菜单2 处理：原图
def menu2_process(self, q):
    self. image=cv. imread(self. path[0])
    self. lbl. setPixmap(QPixmap(self. path[0]))
#菜单3 处理：基础操作
def menu3_process(self, q):
    if q. text()=="转 HSV":
        self. image=ph. color_space(self. image, 1)
    elif q. text()=="转 GRAY":
        self. image=ph. color_space(self. image, 2)
    elif q. text()=="转 BGRA":
        self. image=ph. color_space(self. image, 3)
    elif q. text()=="转 HLS":
        self. image=ph. color_space(self. image, 4)
    elif q. text()=="转 YUV":
        self. image=ph. color_space(self. image, 5)
    #elif q. text()=="FFT 变换":
    #ph. FFT(self. image)
    #elif q. text()=="DCT 变换":
    #ph. DCT(self. path[0])
    #用于在 Qt GUI 应用程序中设置标签控件的图像。其中 self. lbl 代表一个 QLabel 对象，调用 setPixmap()方法并传递一个 QPixmap 对象作为参数
    #这个 QPixmap 对象可以通过指定路径来加载图像文件，并将其转换为 QPixmap 类型的对象
    self. lbl. setPixmap(QPixmap(self. change_path))
#菜单4 处理：直方图
def menu4_process(self, q):
    if q. text()=="线性拉伸":
        self. image=ph. Linear_hist(self. image)
        self. lbl. setPixmap(QPixmap(self. change_path))
        plt. subplot(1, 1, 1)
        plt. hist(self. image. ravel(), 256, [0, 256]), plt. title("Linear stretching")
        plt. show()
    elif q. text()=="自适应均衡":
        self. image=ph. adaptive_equalization(self. image)
        self. lbl. setPixmap(QPixmap(self. change_path))
        plt. subplot(1, 1, 1)
        plt. hist(self. image. ravel(), 256, [0, 256]), plt. title("Adaptive Equalization")
        plt. show()
    elif q. text()=="全局均衡":
        self. image=ph. global_equalization(self. image)
```

```python
            self.lbl.setPixmap(QPixmap(self.change_path))
            plt.subplot(1, 1, 1)
            plt.hist(self.image.ravel(), 256, [0, 256]), plt.title("Global Equilibrium")
            plt.show()
        elif q.text()=="非线性拉伸":
            self.image=ph.Ninear_hist(self.image)
            self.lbl.setPixmap(QPixmap(self.change_path))
            plt.subplot(1, 1, 1)
            plt.hist(self.image.ravel(), 256, [0, 256]), plt.title("Nonlinear stretching")
            plt.show()
    #菜单5处理：滤镜
    def menu5_process(self, q):
        if q.text()=="均值滤波":
            self.image=ph.ave_blur(self.image)
        elif q.text()=="高斯滤波":
            self.image=ph.gau_blur(self.image)
        elif q.text()=="中值滤波":
            self.image=ph.mid_blur(self.image)
        elif q.text()=="锐化":
            self.image=ph.l_sharpen3(self.image)
        elif q.text()=="磨皮":
            ph.makeup(self.image, self.makeupvalue)
        elif q.text()=="边界":
            self.image=ph.find_edges(self.image)
        elif q.text()=="Sobel":
            self.image=ph.Sobel(self.image)
        elif q.text()=="Laplacian":
            self.image=ph.Laplacian(self.image)
        elif q.text()=="Robert":
            self.image=ph.Robert(self.image)
        elif q.text()=="浮雕":
            self.image=ph.emboss(self.image)
        elif q.text()=="二值化":
            self.image=ph.Binarization(self.image)
        elif q.text()=="对数变换":
            self.image=ph.logarithmic_test(self.image)
        elif q.text()=="幂律变换":
            self.image=ph.Gamma_transformation(self.image)
        elif q.text()=="分段线性变换":
            self.image=ph.SLT(self.image, self.x1, self.x2, self.y1, self.y2)
        elif q.text()=="锐化掩蔽":
            self.image=ph.Passivation_masking(self.image)
        elif q.text()=="高斯滤波":
```

```python
        self.image=ph.HighBoost_Filtering(self.image)
        self.lbl.setPixmap(QPixmap(self.change_path))
#菜单6处理：图像变换
    def menu6_process(self, q):
        if q.text()=="放大":
            self.image=ph.changescale(self.image, 1.1)
            self.lbl.setPixmap(QPixmap(self.change_path))
        elif q.text()=="缩小":
            self.image=ph.changescale(self.image, 0.9)
            self.lbl.setPixmap(QPixmap(self.change_path))
        elif q.text()=="右旋转90度":
            self.image=ph.rotate(self.image,-90)
            self.lbl.setPixmap(QPixmap(self.change_path))
        elif q.text()=="左旋转90度":
            self.image=ph.rotate(self.image, 90)
            self.lbl.setPixmap(QPixmap(self.change_path))
#菜单7处理：图像合成
    def menu7_process(self, q):
        if q.text()=="图像拼接":
            img2_path=QFileDialog.getOpenFileName(self, '打开文件', 'out.jpg',
                        "All Files (*);;(*.bmp);;(*.tif);;(*.png);;(*.jpeg);;(*.jpg)")
            self.IMG2=cv.imread(img2_path[0])
            self.image=ph.conectImage(self.image, self.IMG2)
        self.lbl.setPixmap(QPixmap(self.change_path))
#菜单8处理：频域变换
    def menu8_process(self, q):
        if q.text()=="FFT变换":
            ph.FFT(self.image)
        elif q.text()=="掩模低通滤波":
            ph.low_pass_filter(self.image, 100)
        elif q.text()=="掩模高通滤波":
            ph.high_pass_filter(self.image, 100)
        elif q.text()=="理想低通滤波":
            ph.frequency_filter(self.image, ph.ILPF(self.image, self.ILPF_d))
        elif q.text()=="高斯低通滤波":
            ph.frequency_filter(self.image, ph.GLPF(self.image, self.GLPF_d, self.GLPF_n))
        elif q.text()=="巴特沃思低通滤波":
            ph.frequency_filter(self.image, ph.BLPF(self.image, self.BLPF_d, self.BLPF_n))
        elif q.text()=="理想高通滤波":
            ph.frequency_filter(self.image, ph.IHPF(self.image, self.IHPF_d))
        elif q.text()=="高斯高通滤波":
            ph.frequency_filter(self.image, ph.GHPF(self.image, self.GHPF_d, self.GHPF_n))
```

```python
        elif q.text()=="巴特沃思高通滤波":
            ph.frequency_filter(self.image, ph.BHPF(self.image, self.BHPF_d, self.BHPF_n))
        self.lbl.setPixmap(QPixmap(self.change_path))
    #菜单9处理:图像复原
    def menu9_process(self, q):
        if q.text()=="算术均值滤波":
            ph.arithmentic_mean(self.image)
        elif q.text()=="几何均值滤波":
            ph.geometric_mean(self.image)
        elif q.text()=="谐波均值滤波":
            ph.harmonic_mean(self.image)
        elif q.text()=="逆谐波均值滤波":
            ph.inverse_harmonic_mean(self.image, self.d3)
        elif q.text()=="中值滤波":
            ph.median_filter(self.image)
        elif q.text()=="最大值滤波":
            ph.max_filter(self.image)
        elif q.text()=="最小值滤波":
            ph.min_filter(self.image)
        elif q.text()=="中点滤波":
            ph.middle_filter(self.image)
        elif q.text()=="修正后的阿尔法均值滤波":
            ph.modified_alpha_mean(self.image, self.d4)
        elif q.text()=="自适应局部噪声消除":
            ph.Adaptive_local_filter(self.image)
        elif q.text()=="自适应中值滤波":
            ph.auto_med_filter(self.image, 7, 7)
        elif q.text()=="理想带阻滤波":
            ph.ideal_bandstop_filter(self.image)
        elif q.text()=="巴特沃思带阻滤波":
            ph.butterworth_bandstop_filter(self.image)
        elif q.text()=="高斯带阻滤波":
            ph.gaussian_bandstop_filter(self.image)
        elif q.text()=="理想带通滤波":
            ph.ideal_bandpass_filter(self.image, 40/self.image.shape[1], 80/self.image.shape[1])
        elif q.text()=="巴特沃思带通滤波":
            ph.butterworth_bandpass_filter(self.image, D0=15, W=10, n=1)
        elif q.text()=="高斯带通滤波":
            ph.gaussian_bandpass_filter(self.image, D0=15, W=10)
        elif q.text()=="陷波带阻滤波":
            ph.notch_filter(self.image, u0=0, v0=0, d0=20, ftype='stop')
        elif q.text()=="巴特沃思陷波带阻滤波":
```

```python
            ph.bw_notch_filter(self.image, u0=0, v0=0, d0=20, N=1, ftype='stop')
        elif q.text()=="高斯陷波带阻滤波":
            ph.gaussian_notch_filter(self.image, u0=0, v0=0, d0=20, ftype='stop')
        elif q.text()=="陷波带通滤波":
            ph.notch_filter(self.image, u0=0, v0=0, d0=20, ftype='pass')
        elif q.text()=="巴特沃思陷波带通滤波":
            ph.bw_notch_filter(self.image, u0=0, v0=0, d0=20, N=1, ftype='pass')
        elif q.text()=="高斯陷波带通滤波":
            ph.gaussian_notch_filter(self.image, u0=0, v0=0, d0=20, ftype='pass')
        self.lbl.setPixmap(QPixmap(self.change_path))
if_name_=='_main_':
    app=QApplication(sys.argv)
    ex=Window()
    ex.show()
sys.exit(app.exec_())
#Function.py
#coding:utf8
import cv2
import cv2 as cv
from PIL import Image
from pylab import *
from numpy import fft
import math
save_path="out.jpg"
#图像写入文字
#def Drawworld(img, text, p_x, p_y, font_type, font_size, bold, color):
#pos=(p_x, p_y)
#cv.putText(img, text, pos, font_type, font_size, color, bold)
#cv.imwrite(save_path, img)
#彩色空间转换
def color_space(img, c_type):
    if c_type==1:
        out=cv.cvtColor(img, cv.COLOR_BGR2HSV)
    elif c_type==2:
        out=cv.cvtColor(img, cv.COLOR_BGR2GRAY)
    elif c_type==3:
        out=cv.cvtColor(img, cv.COLOR_BGR2BGRA)
    elif c_type==4:
        out=cv.cvtColor(img, cv.COLOR_BGR2HLS)
    elif c_type==5:
        out=cv.cvtColor(img, cv.COLOR_BGR2YUV)
```

```python
        cv.imwrite(save_path, out)
        return out
#FFT 变换
def FFT(img):
    img=img[:, :, 0]    #灰度
    f=np.fft.fft2(img)
    fshift=np.fft.fftshift(f)
    out=20 * np.log(np.abs(fshift))
    cv.imwrite(save_path, out)
#掩模低通滤波
def low_pass_filter(img, radius):
    #读取图像并转换为灰度图像
    gray=cv2.cvtColor(img, cv2.COLOR_BGR2GRAY)
    #进行傅里叶变换,并将频率零点移到图像中心
    dft=cv2.dft(np.float32(gray), flags=cv2.DFT_COMPLEX_OUTPUT)
    dft_shift=np.fft.fftshift(dft)
    #创建掩模矩阵
    rows, cols=gray.shape
    crow, ccol=int(rows/2), int(cols/2)
    mask=np.zeros((rows, cols, 2), np.uint8)
    cv2.circle(mask, (crow, ccol), 50, (1, 1),-1)
    #mask=np.ones((rows, cols, 2), np.uint8)
    #cv2.circle(mask, (crow, ccol), radius, 0,-1)
    #应用掩模矩阵
    fshift=dft_shift*mask
    #进行傅里叶逆变换
    ishift=np.fft.ifftshift(fshift)
    iimg=cv2.idft(ishift)
    filtered_img=cv2.magnitude(iimg[:, :, 0], iimg[:, :, 1])
    mag_uint8=cv.normalize(filtered_img, None, 0, 255, cv.NORM_MINMAX, cv.CV_8U)
    cv.imwrite(save_path, mag_uint8)
#掩模高通滤波
def high_pass_filter(img, radius):
    gray=cv2.cvtColor(img, cv2.COLOR_BGR2GRAY)
    dft=cv2.dft(np.float32(gray), flags=cv2.DFT_COMPLEX_OUTPUT)
    dft_shift=np.fft.fftshift(dft)
    #构造高通滤波掩模
    rows, cols=gray.shape
    crow, ccol=int(rows//2), int(cols//2)
    mask=np.ones((rows, cols, 2), np.uint8)
    cv2.circle(mask, (crow, ccol), radius, 0,-1)
    #应用掩模
```

```
            fshift=dft_shift*mask
            #IDFT 取实部得到最终输出图像
            ishift=np.fft.ifftshift(fshift)
            output=cv2.idft(ishift)
            output=cv2.magnitude(output[:, :, 0], output[:, :, 1])
            mag_uint8=cv.normalize(output, None, 0, 255, cv.NORM_MINMAX, cv.CV_8U)
            cv.imwrite(save_path, mag_uint8)
    def frequency_filter(image2, filter):
        image=cv2.cvtColor(image2, cv2.COLOR_BGR2GRAY)
        fftImg=np.fft.fft2(image)    #对图像进行傅里叶变换
        fftImgShift=np.fft.fftshift(fftImg)    #傅里叶变换后坐标移动到图像中心
        handle_fftImgShift1=fftImgShift*filter    #对傅里叶变换后的图像进行频域变换
        handle_fftImgShift2=np.fft.ifftshift(handle_fftImgShift1)
        handle_fftImgShift3=np.fft.ifft2(handle_fftImgShift2)
        handle_fftImgShift4=np.real(handle_fftImgShift3)    #傅里叶逆变换后取频域    output=np.uint8
(handle_fftImgShift4)
        cv.imwrite(save_path, output)
        return output
    def ILPF(image2, d0):    #理想低通滤波器
        image=cv2.cvtColor(image2, cv2.COLOR_BGR2GRAY)
        H=np.empty_like(image, dtype=float)
        M, N=image.shape
        mid_x=int(M/2)
        mid_y=int(N/2)
        for y in range(0, M):
            for x in range(0, N):
                d=np.sqrt((x-mid_x)**2+(y-mid_y)**2)
                if d <=d0:
                    H[y, x]=1
                else:
                    H[y, x]=0
        return H
    def BLPF(image2, d0, n):    #巴特沃思低通滤波器
        image=cv2.cvtColor(image2, cv2.COLOR_BGR2GRAY)
        H=np.empty_like(image, float)
        M, N=image.shape
        mid_x=int(M/2)
        mid_y=int(N/2)
        for y in range(0, M):
            for x in range(0, N):
                d=np.sqrt((x-mid_x)**2+(y-mid_y)**2)
                H[y, x]=1/(1+(d/d0)**n)
```

```python
        return H
    def GLPF(image2, d0, n):    #高斯低通滤波器
        image=cv2.cvtColor(image2, cv2.COLOR_BGR2GRAY)
        H=np.empty_like(image, float)
        M, N=image.shape
        mid_x=M/2
        mid_y=N/2
        for x in range(0, M):
            for y in range(0, N):
                d=np.sqrt((x-mid_x)**2+(y-mid_y)**2)
                H[x, y]=np.exp(-d**n/(2*d0**n))
        return H
    def IHPF(image2, d0):    #理想高通滤波器
        image=cv2.cvtColor(image2, cv2.COLOR_BGR2GRAY)
        H=np.empty_like(image, dtype=float)
        M, N=image.shape
        mid_x=int(M/2)
        mid_y=int(N/2)
        for y in range(0, M):
            for x in range(0, N):
                d=np.sqrt((x-mid_x)**2+(y-mid_y)**2)
                if d<=d0:
                    H[y, x]=0
                else:
                    H[y, x]=1
        return H
    def BHPF(image2, d0, n):    #巴特沃思高通滤波器
        image=cv2.cvtColor(image2, cv2.COLOR_BGR2GRAY)
        H=np.empty_like(image, float)
        M, N=image.shape
        mid_x=int(M/2)
        mid_y=int(N/2)
        for y in range(0, M):
            for x in range(0, N):
                d=np.sqrt((x-mid_x)**2+(y-mid_y)**2)
                if d!=0:
                    H[y, x]=1/(1+(d0/d)**(2*n))
        return H
    def GHPF(image2, d0, n):    #高斯高通滤波器
        image=cv2.cvtColor(image2, cv2.COLOR_BGR2GRAY)
        H=np.empty_like(image, float)
        M, N=image.shape
```

```python
        mid_x = M/2
        mid_y = N/2
        for x in range(0, M):
            for y in range(0, N):
                d = np.sqrt((x-mid_x)**2+(y-mid_y)**2)
                H[x, y] = 1-np.exp(-d**n/(2*d0**n))
        return H
    #直方图线性拉伸
    def Linear_hist(img):
        def linlamda(img):    #y=ax+b
            #计算原图中出现的最小灰度级和最大灰度级
            #使用函数计算
            Imin, Imax = cv.minMaxLoc(img)[:2]
            #使用numpy计算
            #Imax = np.max(img)
            #Imin = np.min(img)
            Omin, Omax = 0, 255
            #计算a和b的值
            a = float(Omax-Omin)/(Imax-Imin)
            b = Omin-a*Imin
            out = a*img+b
            out = out.astype(np.uint8)
            return out
        if len(img.shape) == 2:    #判断是否为灰度图像
            out = linlamda(img)
        else:    #如果不是灰度图像,则分别对3个通道进行线性变换
            b = img[:, :, 0]
            g = img[:, :, 1]
            r = img[:, :, 2]
            b1 = linlamda(b)
            g1 = linlamda(g)
            r1 = linlamda(r)
            out = cv.merge([b1, g1, r1])    #3个通道合并
        cv.imwrite(save_path, out)
        return out
    #非线性拉伸
    def Ninear_hist(img):
        if len(img.shape) == 2:    #如果是灰度图像,则进行gammab函数变换
            gammab = img
            rows = img.shape[0]
            cols = img.shape[1]
            for i in range(rows):
                for j in range(cols):
```

```
                gammab[i][j]=3*pow(gammab[i][j], 0.8)
        out=gammab
    else:    #同理,如果不为灰度图像,则对3个通道进行gammab函数变换
        b=img[:, :, 0]
        g=img[:, :, 1]
        r=img[:, :, 2]
        gammab=b
        rows=img.shape[0]
        cols=img.shape[1]
        for i in range(rows):
            for j in range(cols):
                gammab[i][j]=3*pow(gammab[i][j], 0.8)
        gammag=g
        rows=img.shape[0]
        cols=img.shape[1]
        for i in range(rows):
            for j in range(cols):
                gammag[i][j]=3*pow(gammag[i][j], 0.8)
        gammar=r
        rows=img.shape[0]
        cols=img.shape[1]
        for i in range(rows):
            for j in range(cols):
                gammar[i][j]=3*pow(gammar[i][j], 0.8)
        b=gammab
        g=gammag
        r=gammar
        out=cv.merge([b, g, r])
    cv.imwrite(save_path, out)
    return out
#自适应均衡
#自适应直方图均衡化(AHE)是用来提升图像对比度的一种计算机图像处理技术
#和普通的直方图均衡算法不同,AHE算法通过计算图像的局部直方图,然后重新分布亮度来改变图像对比度。因此,该算法更适合改进图像的局部对比度以及获得更多的图像细节
def adaptive_equalization(img):
    clahe=cv.createCLAHE(clipLimit=2.0, tileGridSize=(8, 8))    #自适应均衡
    #首先使用cv.createCLAHE()方法创建一个clipLimit为2.0和tileGridSize为(8, 8)的CLAHE对象,并将其保存在变量clahe中
    #接着,调用clahe.apply()方法对原始图像进行自适应直方图均衡化操作,得到一个新的自适应直方图均衡化后的图像
    if len(img.shape)==2:
        out=clahe.apply(img)
    else:
```

```python
        b = img[:, :, 0]
        g = img[:, :, 1]
        r = img[:, :, 2]
        b1 = clahe.apply(b)
        g1 = clahe.apply(g)
        r1 = clahe.apply(r)
        out = cv.merge([b1, g1, r1])
    cv.imwrite(save_path, out)
    return out
#全局均衡
def global_equalization(img):
    if len(img.shape) == 2:
        out = cv.equalizeHist(img)
    else:
        b = img[:, :, 0]
        g = img[:, :, 1]
        r = img[:, :, 2]
        b1 = cv.equalizeHist(b)    #直方图均衡化
        g1 = cv.equalizeHist(g)
        r1 = cv.equalizeHist(r)
        #调用 cv.merge()方法将这些单通道图像合并为一幅大小相同的彩色图像
        out = cv.merge([b1, g1, r1])
    cv.imwrite(save_path, out)
    return out
#均值平滑
def ave_blur(img):
    if len(img.shape) == 2:
        gam = cv.blur(img, (5, 5))
        out = img
        rows = img.shape[0]
        cols = img.shape[1]
        for i in range(rows):
            for j in range(cols):
                out[i][j] = gam[i][j]
    else:
        b = img[:, :, 0]
        g = img[:, :, 1]
        r = img[:, :, 2]
        gam = cv.blur(b, (5, 5))
        b1 = b
        rows = img.shape[0]
        cols = img.shape[1]
        for i in range(rows):
```

```
            for j in range(cols):
                b1[i][j]=gam[i][j]
        gam=cv.blur(g, (5, 5))
        g1=g
        rows=img.shape[0]
        cols=img.shape[1]
        for i in range(rows):
            for j in range(cols):
                g1[i][j]=gam[i][j]
        gam=cv.blur(r, (5, 5))
        r1=r
        rows=img.shape[0]
        cols=img.shape[1]
        for i in range(rows):
            for j in range(cols):
                r1[i][j]=gam[i][j]
        out=cv.merge([b1, g1, r1])
    cv.imwrite(save_path, out)
    return out
#高斯平滑
def gau_blur(img):
    if len(img.shape)==2:
        out=cv.GaussianBlur(img, (7, 7), 10)
    #使用了一个标准偏差 sigma 值为 10 的高斯函数模板，对输入图像进行卷积运算，从而实现了平滑处理
    else:
        b=img[:, :, 0]
        g=img[:, :, 1]
        r=img[:, :, 2]
        b1=cv.GaussianBlur(b, (7, 7), 10)
        g1=cv.GaussianBlur(g, (7, 7), 10)
        r1=cv.GaussianBlur(r, (7, 7), 10)
        out=cv.merge([b1, g1, r1])
    cv.imwrite(save_path, out)
    return out
#中值平滑
def mid_blur(img):
    if len(img.shape)==2:
        out=cv.medianBlur(img, 5)
    else:
        b=img[:, :, 0]
        g=img[:, :, 1]
        r=img[:, :, 2]
```

```
        b1=cv.medianBlur(b, 5)
        g1=cv.medianBlur(g, 5)
        r1=cv.medianBlur(r, 5)
        out=cv.merge([b1, g1, r1])
    cv.imwrite(save_path, out)
    return out
#锐化 3
#锐化
def l_sharpen3(img):
    #kernel=np.array([[-1,-1,-1], [-1,9,-1], [-1,-1,-1]])
    #out=cv.filter2D(img,-1, kernel=kernel)
    kernel=np.array([[0,-1, 0], [-1, 5,-1], [0,-1, 0]], np.float32)  #实现锐化处理,提高图像的对比度,
提高立体感,使轮廓更加清晰
    out=cv.filter2D(img,-1, kernel)
    cv.imwrite(save_path, out)
    return out
#磨皮
def makeup(image, value):
    b=image[:, :, 0]
    g=image[:, :, 1]
    r=image[:, :, 2]
    b2=cv.medianBlur(b, 5)
    g2=cv.medianBlur(g, 5)
    r2=cv.medianBlur(r, 5)
    #cv.medianBlur(src, ksize)
    #其中,src 是待处理的输入图像;ksize 是滤波窗口的大小(必须是正奇数)
    image=cv.merge([b2, g2, r2])
    #kernel=np.array([[-1,-1,-1], [-1,9,-1], [-1,-1,-1]])
    #image=cv2.filter2D(image,-1, kernel=kernel)
    value=int(value/2)
    #dst=cv.bilateralFilter(src, d, sigmaColor, sigmaSpace)
    #其中,src 是待处理的输入图像;d 表示在计算像素之间的距离时使用的邻域大小,通常取为 0;
sigmaColor 是颜色空间滤波器的标准差;sigmaSpace 是坐标空间滤波器的标准差,dst 是输出图像。调整
value 的大小,可以控制平滑效果和保留图像细节的程度
    out=cv.bilateralFilter(image, value, value*2, int(value/2))
    cv.imwrite(save_path, out)
    return out
#边界
def find_edges(img):
    #image=Image.open(img)
    #打开指定路径下的 jpg 图像文件
    #out=img.filter(ImageFilter.FIND_EDGES)
    #边界滤镜
```

```python
    #cv.imwrite(save_path, out)
    gray_img=cv.cvtColor(img, cv.COLOR_BGR2GRAY)
    out=cv.Canny(gray_img, threshold1=30, threshold2=100)
    cv.imwrite(save_path, out)
    return out
#Sobel 边缘加强
def Sobel(img):
    #使用 cv2.filter2D()方法实现 Sobel 算子
    kernSobelX=np.array([[-1, 0, 1], [-2, 0, 2], [-1, 0, 1]])   #SobelX kernel
    kernSobelY=np.array([[-1,-2,-1], [0, 0, 0], [1, 2, 1]])   #SobelY kernel
    imgSobelX=cv2.filter2D(img,-1, kernSobelX, borderType=cv2.BORDER_REFLECT)
    imgSobelY=cv2.filter2D(img,-1, kernSobelY, borderType=cv2.BORDER_REFLECT)
    #使用 cv2.Sobel()方法实现 Sobel 算子
    SobelX=cv2.Sobel(img, cv2.CV_16S, 1, 0)    #计算 X 轴方向
    SobelY=cv2.Sobel(img, cv2.CV_16S, 0, 1)    #计算 Y 轴方向
    absX=cv2.convertScaleAbs(SobelX)    #转回 uint8
    absY=cv2.convertScaleAbs(SobelY)    #转回 uint8
    output=cv2.addWeighted(absX, 0.5, absY, 0.5, 0)    #用绝对值近似平方根
    cv.imwrite(save_path, output)
    return output
#拉普拉斯边缘检测
def Laplacian(img):
    #对图像进行拉普拉斯滤波
    dst=cv2.Laplacian(img, cv2.CV_64F)
    #将输出转换为 uint8 类型,方便后续处理
    laplacian=cv2.convertScaleAbs(dst)
    cv.imwrite(save_path, laplacian)
    return laplacian
#首先使用 cv.imread()方法读取一幅灰度图像,并将其转换为 float 型格式
#然后调用 cv.Laplacian()方法对图像进行 Laplacian 运算,得到一个表示图像边界的矩阵
#通过 np.absolute()方法计算绝对值,然后使用 cv.minMaxLoc()方法获得矩阵的最小值和最大值
#使用 cv.convertScaleAbs()方法将矩阵转换为 uint8
#在应用 Laplacian 算子时,图像可能会出现负数值,因此计算 Laplacian 运算结果之前需要将图像的数据类型设置为 float 型
#由于 opencv 中的 8 位图像是无符号整型,所以需要使用 cv.convertScaleAbs()方法将 Laplacian 运算的结果转换为 uint8
#Robert 边缘检测
def Robert(img):
    grayImage=cv2.cvtColor(img, cv2.COLOR_BGR2GRAY)
    #Roberts 算子
    kernelx=np.array([[-1, 0], [0, 1]], dtype=int)
    kernely=np.array([[0,-1], [1, 0]], dtype=int)
```

```python
        x = cv2.filter2D(grayImage, cv2.CV_16S, kernelx)
        y = cv2.filter2D(grayImage, cv2.CV_16S, kernely)
        #转 uint8
        absX = cv2.convertScaleAbs(x)
        scale_abs = cv2.convertScaleAbs(y)
        absY = scale_abs
        Roberts = cv2.addWeighted(absX, 0.5, absY, 0.5, 0)
        cv.imwrite(save_path, Roberts)
        return Roberts
    #锐化掩蔽
    def Passivation_masking(img):
        #对原始图像进行平滑,GaussianBlur(img, size, sigmaX)
        imgGauss = cv2.GaussianBlur(img, (5, 5), sigmaX=5)
        imgGaussNorm = cv2.normalize(imgGauss, dst=None, alpha=0, beta=255, norm_type=cv2.NORM_MINMAX)
        #掩蔽模板:从原始图像中减去平滑图像
        imgMask = img - imgGaussNorm
        passivation1 = img + 0.6*imgMask   #k<1 减弱锐化掩蔽
        output = cv2.normalize(passivation1, None, 0, 255, cv2.NORM_MINMAX)
        cv.imwrite(save_path, output)
        return output
    #高斯滤波
    def HighBoost_Filtering(img):
        #对原始图像进行平滑,GaussianBlur(img, size, sigmaX)
        imgGauss = cv2.GaussianBlur(img, (5, 5), sigmaX=5)
        imgGaussNorm = cv2.normalize(imgGauss, dst=None, alpha=0, beta=255, norm_type=cv2.NORM_MINMAX)
        #掩蔽模板:从原始图像中减去平滑图像
        imgMask = img - imgGaussNorm
        passivation1 = img + 2*imgMask   #k=2 高斯滤波
        output = cv2.normalize(passivation1, None, 0, 255, cv2.NORM_MINMAX)
        cv.imwrite(save_path, output)
        return output
    #浮雕
    def emboss(img):
        #设置卷积核(浮雕效果)
        kernel = np.array([[0,-1,-1], [1, 0,-1], [1, 1, 0]], np.float32)
        #对图像进行卷积操作
        out = cv.filter2D(img,-1, kernel)
        cv.imwrite(save_path, out)
        return out
    #二值化
```

```python
def Binarization(img):
    #双边滤波
    blur_img=cv.bilateralFilter(img, 9, 75, 75)
    #转灰度图像
    gray_img=cv.cvtColor(blur_img, cv.COLOR_BGR2GRAY)
    #中值滤波
    median_img=cv.medianBlur(gray_img, 7)
    #二值化操作
    thresh_val=100    #阈值
    max_val=255    #最大值
    _, binary_img=cv.threshold(median_img, thresh_val, max_val, cv.THRESH_BINARY_INV)
    #细化操作
    kernel=cv.getStructuringElement(cv.MORPH_RECT, (3, 3))
    eroded_img=cv.erode(binary_img, kernel)
    out=cv.morphologyEx(eroded_img, cv.MORPH_OPEN, kernel)
    cv.imwrite(save_path, out)
    return out
#图像旋转
def rotate(image, angle):
    (h, w)=image.shape[:2]
    center=(w/2, h/2)
    Roa=cv.getRotationMatrix2D(center, angle, 1.0)
    out=cv.warpAffine(image, Roa, (w, h))
    cv.imwrite(save_path, out)
    return out
#图像缩放
def changescale(image, size):
    b=image[:, :, 0]
    g=image[:, :, 1]
    r=image[:, :, 2]
    b2=cv.resize(b, (0, 0), fx=size, fy=size, interpolation=cv.INTER_NEAREST)
    g2=cv.resize(g, (0, 0), fx=size, fy=size, interpolation=cv.INTER_NEAREST)
    r2=cv.resize(r, (0, 0), fx=size, fy=size, interpolation=cv.INTER_NEAREST)
    out=cv.merge([b2, g2, r2])
    cv.imwrite(save_path, out)
    return out
#图像拼接
def conectImage(img1, img2):
    b1=img1[:, :, 0]
    g1=img1[:, :, 1]
    r1=img1[:, :, 2]
    h, w, _=img1.shape
```

```
        b2=img2[:, :, 0]
        g2=img2[:, :, 1]
        r2=img2[:, :, 2]
        b2=cv.resize(b2, (w, h), interpolation=cv.INTER_CUBIC)
        g2=cv.resize(g2, (w, h), interpolation=cv.INTER_CUBIC)
        r2=cv.resize(r2, (w, h), interpolation=cv.INTER_CUBIC)
        img2=cv.merge([b2, g2, r2])
        out=Image.new('RGBA', (2*w, h))
        img1=Image.fromarray(cv.cvtColor(img1, cv.COLOR_BGR2RGB))
        img2=Image.fromarray(cv.cvtColor(img2, cv.COLOR_BGR2RGB))
        out.paste(img1, (0, 0))
        out.paste(img2, (w, 0))
        out=cv.cvtColor(np.asarray(out), cv.COLOR_RGB2BGR)
        cv.imwrite(save_path, out)
        return out
#对数变换:S=c*log(1+r),其中 c 是一个常数,r 是原始图像的像素值,S 是结果
    def logarithmic_test(image):
        img=cv2.cvtColor(image, cv2.COLOR_BGR2GRAY)
        #img=cv2.imread(image, cv2.IMREAD_GRAYSCALE)
        h, w=img.shape[0], img.shape[1]
        output=np.zeros((h, w))
        for i in range(h):
            for j in range(w):
                output[i, j]=0.2*(math.log(1.0+img[i, j]))
        output=cv2.normalize(output, output, 0, 255, cv2.NORM_MINMAX)   #图像的归一化,归一到
0~255
        cv.imwrite(save_path, output)
        return output
#幂律变换
    def Gamma_transformation(image):
        img=cv2.cvtColor(image, cv2.COLOR_BGR2GRAY)
        #定义 gamma 值
        gamma=1.5
        #幂律变换公式 s=c*r^gamma
        output=np.uint8(cv2.pow(img/255.0, gamma)*255.0)
        cv.imwrite(save_path, output)
        return output
#分段线性变换
    def SLT(image, x1, x2, y1, y2):   #x1,x2 是两个输入的像素,即图像传入的像素;y1,y2 是两个输出像
素,即经过对比度拉伸后的像素
        img=cv2.cvtColor(image, cv2.COLOR_BGR2GRAY)
        lut=np.zeros(256)   #返回给 lut 一个长度为 256 的全 0 数组
```

```python
    for i in range(256):
        if i < x1:    #对于小于x1的像素,全部让其像素映射到(y1/x1)*i的线段上
            lut[i]=(y1/x1)*i
        elif i < x2:
            lut[i]=((y2-y1)/(x2-x1))*(i-x1)+y1
        else:
            lut[i]=((y2-255.0)/(x2-255.0))*(i-255.0)+255.0
    out_img=cv2.LUT(img, lut)    #cv2.LUT()函数作用:对输入的img执行查找表lut转换
    output=np.uint8(out_img+0.5)
    cv.imwrite(save_path, output)
    return output
#几何均值滤波器
def geometric_mean(img):
    image=cv2.cvtColor(img, cv2.COLOR_BGR2GRAY)
    kernel=np.ones([3, 3])
    img_h=image.shape[0]
    img_w=image.shape[1]
    m, n=kernel.shape[:2]
    order=1/(kernel.size)
    padding_h=int((m-1)/2)
    padding_w=int((n-1)/2)
    #这样的填充方式,奇数核或偶数核都能正确填充
    image_pad=np.pad(image.copy(), ((padding_h, m-1-padding_h),
                     (padding_w, n-1-padding_w)), mode="edge")
    output=image.copy()
    #这里要指定数据类型,指定是uint64或float64,结果都不正确,反而乘以1.0,也是float64,却让结果正确
    for i in range(padding_h, img_h+padding_h):
        for j in range(padding_w, img_w+padding_w):
            prod=np.prod(image_pad[i-padding_h:i+padding_h+1, j-padding_w:j+padding_w+1]*1.0)
            output[i-padding_h][j-padding_w]=np.power(prod, order)
    cv.imwrite(save_path, output)
    return output
#算术均值滤波器
def arithmentic_mean(img):
    image=cv2.cvtColor(img, cv2.COLOR_BGR2GRAY)
    kernel=np.ones([3, 3])
    arithmetic_kernel=kernel/kernel.size
    img_h=image.shape[0]
    img_w=image.shape[1]
    m, n=arithmetic_kernel.shape[:2]
    padding_h=int((m-1)/2)
```

```python
            padding_w=int((n-1)/2)
            #这样的填充方式,奇数核或偶数核都能正确填充
            image_pad=np.pad(image, ((padding_h, m-1-padding_h),
                             (padding_w, n-1-padding_w)), mode="edge")
            output=image.copy()
            for i in range(padding_h, img_h+padding_h):
                for j in range(padding_w, img_w+padding_w):
                    temp=np.sum(image_pad[i-padding_h:i+padding_h+1, j-padding_w:j+padding_w+1])
                    output[i-padding_h][j-padding_w]=1/(m*n)*temp
            cv.imwrite(save_path, output)
            return output
#谐波均值滤波器
def harmonic_mean(img):
    image=cv2.cvtColor(img, cv2.COLOR_BGR2GRAY)
    kernel=np.ones([3, 3])
    epsilon=1e-8
    img_h=image.shape[0]
    img_w=image.shape[1]
    m, n=kernel.shape[:2]
    order=kernel.size
    padding_h=int((m-1)/2)
    padding_w=int((n-1)/2)
    #这样的填充方式,奇数核或偶数核都能正确填充
    image_pad=np.pad(image.copy(), ((padding_h, m-1-padding_h),
                     (padding_w, n-1-padding_w)), mode="edge")
    output=image.copy()
    #这里要指定数据类型,指定是 uint64 或 float64,结果都不正确,反而乘以 1.0,也是 float64,却让结果正确
    #要加上 epsilon,防止除 0
    for i in range(padding_h, img_h+padding_h):
        for j in range(padding_w, img_w+padding_w):
            temp=np.sum(
                1/(image_pad[i-padding_h:i+padding_h+1, j-padding_w:j+padding_w+1]*1.0+epsilon))
            output[i-padding_h][j-padding_w]=order/temp
    cv.imwrite(save_path, output)
    return output
#逆谐波均值滤波器
def inverse_harmonic_mean(image, Q):
    img=cv2.cvtColor(image, cv2.COLOR_BGR2GRAY)
    img_h=img.shape[0]
    img_w=img.shape[1]
```

```python
    m, n = 3, 3
    order = m*n
    kernalMean = np.ones((m, n), np.float32)    #生成盒式核
    hPad = int((m-1)/2)
    wPad = int((n-1)/2)
    imgPad = np.pad(img.copy(), ((hPad, m-hPad-1), (wPad, n-wPad-1)), mode="edge")
    #Q=1.5  #逆谐波均值滤波器的阶数
    epsilon = 1e-8
    imgHarMean = img.copy()
    imgInvHarMean = img.copy()
    for i in range(hPad, img_h+hPad):
        for j in range(wPad, img_w+wPad):
            #谐波均值滤波器 (Harmonic mean filter)
            sumTemp = np.sum(1.0/(imgPad[i-hPad:i+hPad+1, j-wPad:j+wPad+1]+epsilon))
            imgHarMean[i-hPad][j-wPad] = order/sumTemp
            #逆谐波均值滤波器 (Inv-harmonic mean filter)
            temp = imgPad[i-hPad:i+hPad+1, j-wPad:j+wPad+1]+epsilon
            imgInvHarMean[i-hPad][j-wPad] = np.sum(np.power(temp, (Q+1)))/np.sum(np.power(temp, Q)+epsilon)
    cv.imwrite(save_path, imgInvHarMean)
    return imgInvHarMean
#中值、最大值、最小值、中点滤波器
def median_filter(img):
    image = cv2.cvtColor(img, cv2.COLOR_BGR2GRAY)
    kernel = np.ones([3, 3])
    height, width = image.shape[:2]
    m, n = kernel.shape[:2]
    padding_h = int((m-1)/2)
    padding_w = int((n-1)/2)
    #这样的填充方式,奇数核或偶数核都能正确填充
    image_pad = np.pad(image, ((padding_h, m-1-padding_h),
                    (padding_w, n-1-padding_w)), mode="edge")
    image_result = np.zeros(image.shape)
    for i in range(height):
        for j in range(width):
            temp = image_pad[i:i+m, j:j+n]
            image_result[i, j] = np.median(temp)
    cv.imwrite(save_path, image_result)
    return image_result
def max_filter(img):
    image = cv2.cvtColor(img, cv2.COLOR_BGR2GRAY)
    kernel = np.ones([3, 3])
```

```python
    height, width = image.shape[:2]
    m, n = kernel.shape[:2]
    padding_h = int((m-1)/2)
    padding_w = int((n-1)/2)
    #这样的填充方式,奇数核或偶数核都能正确填充
    image_pad = np.pad(image, ((padding_h, m-1-padding_h),
                    (padding_w, n-1-padding_w)), mode="constant", constant_values=0)
    img_result = np.zeros(image.shape)
    for i in range(height):
        for j in range(width):
            temp = image_pad[i:i+m, j:j+n]
            img_result[i, j] = np.max(temp)
    cv.imwrite(save_path, img_result)
    return img_result
def min_filter(img):
    image = cv2.cvtColor(img, cv2.COLOR_BGR2GRAY)
    kernel = np.ones([3, 3])
    height, width = image.shape[:2]
    m, n = kernel.shape[:2]
    padding_h = int((m-1)/2)
    padding_w = int((n-1)/2)
    #这样的填充方式,奇数核或偶数核都能正确填充
    image_pad = np.pad(image, ((padding_h, m-1-padding_h),
                    (padding_w, n-1-padding_w)), mode="edge", )
    img_result = np.zeros(image.shape)
    for i in range(height):
        for j in range(width):
            temp = image_pad[i:i+m, j:j+n]
            img_result[i, j] = np.min(temp)
    cv.imwrite(save_path, img_result)
    return img_result
def middle_filter(img):
    image = cv2.cvtColor(img, cv2.COLOR_BGR2GRAY)
    kernel = np.ones([3, 3])
    height, width = image.shape[:2]
    m, n = kernel.shape[:2]
    padding_h = int((m-1)/2)
    padding_w = int((n-1)/2)
    #这样的填充方式,奇数核或偶数核都能正确填充
    image_pad = np.pad(image, ((padding_h, m-1-padding_h),
                    (padding_w, n-1-padding_w)), mode="edge")
```

```python
    img_result=np.zeros(image.shape)
    for i in range(height):
        for j in range(width):
            temp=image_pad[i:i+m, j:j+n]
            #img_result[i, j]=int(temp.max()/2+temp.min()/2)
            img_result[i, j]=np.max(temp)/2+np.min(temp)/2
            #print('pixel: ', img_result[i, j])
    cv.imwrite(save_path, img_result)
    return img_result
#修正后的阿尔法均值滤波器
def modified_alpha_mean(img, d=0):
    image=cv2.cvtColor(img, cv2.COLOR_BGR2GRAY)
    kernel=np.ones([3, 3])
    height, width=image.shape[:2]
    m, n=kernel.shape[:2]
    padding_h=int((m-1)/2)
    padding_w=int((n-1)/2)
    #这样的填充方式,奇数核或偶数核都能正确填充
    image_pad=np.pad(image, ((padding_h, m-1-padding_h),
                            (padding_w, n-1-padding_w)), mode="edge")
    img_result=np.zeros(image.shape)
    for i in range(height):
        for j in range(width):
            temp=np.sum(image_pad[i:i+m, j:j+n]*1)
            img_result[i, j]=temp/(m*n-d)
    cv.imwrite(save_path, img_result)
    return img_result
def auto_deal(src, i, j, Smin, Smax):
    filter_size=Smin    #将窗口尺寸先设定为最小窗口
    kernelSize=filter_size
    win=src[i-kernelSize:i+kernelSize+1, j-kernelSize:j+kernelSize+1]   #窗口矩阵
    Zmin=np.min(win)
    Zmax=np.max(win)
    Zmed=np.median(win)
    Zxy=src[i, j]    #(i,j)处的像素值
    if (Zmed > Zmin) and (Zmed < Zmax):    #A层次
        if (Zxy > Zmin) and (Zxy < Zmax):    #转到B层次
            return Zxy
        else:
            return Zmed
    else:
        filter_size=filter_size+1    #增大窗口尺寸再进行判断
```

```python
        if filter_size<=Smax:
            return auto_deal(src, i, j, filter_size, Smax)
        else:   #窗口尺寸过大,返回中值
            return Zmed
#自适应中值滤波器
def auto_med_filter(image, Smin, Smax):
    img=cv2.cvtColor(image, cv2.COLOR_BGR2GRAY)
    borderSize=Smax
    src = cv.copyMakeBorder(img, borderSize, borderSize, borderSize, borderSize, cv.BORDER_REFLECT)
    #寻找图像上的每一个像素点
    for m in range(borderSize, src.shape[0]-borderSize):
        for n in range(borderSize, src.shape[1]-borderSize):
            src[m, n]=auto_deal(src, m, n, Smin, Smax)
            output=src[borderSize:borderSize+img.shape[0], borderSize:borderSize+img.shape[1]]
    cv.imwrite(save_path, output)
    return output
#自适应局部降噪
def Adaptive_local_filter(image):
    img=cv2.cvtColor(image, cv2.COLOR_BGR2GRAY)
    hImg=img.shape[0]
    wImg=img.shape[1]
    m, n=5, 5
    imgAriMean=cv2.boxFilter(img,-1, (m, n))   #算术均值滤波器
    #边缘填充
    hPad=int((m-1)/2)
    wPad=int((n-1)/2)
    imgPad=np.pad(img.copy(), ((hPad, m-hPad-1), (wPad, n-wPad-1)), mode="edge")
    #估计原始图像的噪声方差 sigmaEta
    mean, stddev=cv2.meanStdDev(img)
    sigmaEta=stddev**2
    epsilon=1e-8
    output=np.zeros(img.shape)
    for i in range(hImg):
        for j in range(wImg):
            pad=imgPad[i:i+m, j:j+n]   #邻域 Sxy, m*n
            gxy=img[i, j]   #含噪声图像的像素点
            zSxy=np.mean(pad)   #局部平均灰度
            sigmaSxy=np.var(pad)   #灰度的局部方差
            rateSigma=min(sigmaEta/(sigmaSxy+epsilon), 1.0)   #加性噪声假设:sigmaEta/sigmaSxy < 1
            output[i, j]=gxy-rateSigma*(gxy-zSxy)
    cv.imwrite(save_path, output)
    return output
```

```python
#理想带阻滤波器
def ideal_bandstop_filter(image, C=100, w=20):
    img=cv2.cvtColor(image, cv2.COLOR_BGR2GRAY)
    f=np.fft.fft2(img)
    fshift=np.fft.fftshift(f)
    rows, cols=img.shape
    crow, ccol=rows//2, cols//2
    mask=np.zeros((rows, cols), np.uint8)
    d0=100
    w=50
    for i in range(rows):
        for j in range(cols):
            dist=np.sqrt((i-crow)**2+(j-ccol)**2)
            if d0-w/2 < dist < d0+w/2:
                mask[i][j]=0
            else:
                mask[i][j]=1
    kernel=mask/np.max(mask)
    f_filtered=fshift*kernel
    img_filtered=np.real(np.fft.ifft2(np.fft.ifftshift(f_filtered)))
    output=cv2.convertScaleAbs(img_filtered)
    #逆变换
    cv.imwrite(save_path, output)
    return output
#巴特沃思带阻滤波器
def butterworth_bandstop_filter(image, d0=100, w=20, n=1):
    img=cv2.cvtColor(image, cv2.COLOR_BGR2GRAY)
    #图像大小
    rows, cols=img.shape
    #构造巴特沃思带阻滤波器
    x=np.arange(cols)-cols/2
    y=np.arange(rows)-rows/2
    xx, yy=np.meshgrid(x, y)
    dist=np.sqrt(xx**2+yy**2)
    h=1/(1+((dist * w)/(dist**2-d0**2))**(2*n))
    h_shift=np.fft.ifftshift(h)
    #傅里叶变换
    f=np.fft.fft2(img)
    filtered_f=f*h_shift
    #傅里叶变换
    output=np.abs(np.fft.ifft2(filtered_f))
    cv.imwrite(save_path, output)
    return output
```

```python
#高斯带阻滤波器
def gaussian_bandstop_filter(image, d0=100, w=50):
    img=cv2.cvtColor(image, cv2.COLOR_BGR2GRAY)
    #傅里叶变换
    f=np.fft.fft2(img)
    fshift=np.fft.fftshift(f)
    #构建高斯带阻滤波器
    rows, cols=img.shape
    crow, ccol=rows//2, cols//2
    mask=np.zeros((rows, cols), np.uint8)
    for i in range(rows):
        for j in range(cols):
            dist=np.sqrt((i-crow)**2+(j-ccol)**2)
            mask[i][j]=1-np.exp(-(dist**2-d0**2)/(2*w**2))
    kernel=mask/np.max(mask)
    #将滤波器应用于输入图像的频域
    f_filtered=fshift*kernel
    #将图像从频域转换回空间域
    img_filtered=np.real(np.fft.ifft2(np.fft.ifftshift(f_filtered)))
    output=cv2.convertScaleAbs(img_filtered)
    cv.imwrite(save_path, output)
    return output
#理想带通滤波器
def ideal_bandpass_filter(img, low, high):
    image=cv2.cvtColor(img, cv2.COLOR_BGR2GRAY)
    #1.对输入图像进行二维傅里叶变换,得到频域信息
    f=np.fft.fft2(image)
    fshift=np.fft.fftshift(f)
    #2.构造理想带通滤波器的频率响应
    rows, cols=image.shape
    crow, ccol=rows//2, cols//2    #中心位置
    y, x=np.ogrid[-crow:rows-crow,-ccol:cols-ccol]    #构造网格坐标系
    #根据带通范围构造理想带通滤波器 H(u,v)
    r=np.sqrt((x/(cols*high))**2+(y/(rows*high))**2)    #高频部分
    s=np.sqrt((x/(cols*low))**2+(y/(rows*low))**2)    #低频部分
    H=np.zeros_like(fshift)
    H[(r<=1) & (s>=1)]=1
    #3.将理想带通滤波器应用于频域信息
    fshift_filtered=H*fshift
    #4.对滤波后的频域信息进行傅里叶逆变换,得到空间域图像
    f_ishift_filtered=np.fft.ifftshift(fshift_filtered)
    image_filtered=np.real(np.fft.ifft2(f_ishift_filtered))
```

```python
    #5. 对滤波后的图像做取模操作,将负数转化为正数
    output=np.abs(image_filtered)
    cv.imwrite(save_path, output)
    return output

#巴特沃思滤波器
def butterworthBondResistFilter(img, radius=10, w=5, n=1):    #巴特沃思带阻滤波器
    u, v=np.meshgrid(np.arange(img.shape[1]), np.arange(img.shape[0]))
    D=np.sqrt((u-img.shape[1]//2)**2+(v-img.shape[0]//2)**2)
    C0=radius
    epsilon=1e-8    #防止被0除
    kernel=1.0/(1.0+np.power(D*w/(D**2-C0**2+epsilon), 2*n))
    return kernel
def butterworth_bandpass_filter(image, D0, W, n):
    img=cv2.cvtColor(image, cv2.COLOR_BGR2GRAY)
    assert img.ndim==2
    kernel=butterworthBondResistFilter(img, D0, W, n)    #得到滤波器
    gray=np.float64(img)    #将灰度图像转换为opencv官方规定的格式
    gray_fft=np.fft.fft2(gray)    #傅里叶变换
    gray_fftshift=np.fft.fftshift(gray_fft)    #将频谱图的低频部分转到中间位置
    #dst=np.zeros_like(gray_fftshift)
    dst_filtered=kernel*gray_fftshift    #频谱图和滤波器相乘得到新的频谱图
    dst_ifftshift=np.fft.ifftshift(dst_filtered)    #将频谱图的中心移到左上方
    dst_ifft=np.fft.ifft2(dst_ifftshift)    #傅里叶逆变换
    dst=np.abs(np.real(dst_ifft))
    dst=np.clip(dst, 0, 255)
    output=np.uint8(dst)
    cv.imwrite(save_path, output)
    return output
#高斯带通滤波器
def gaussBondResistFilter(img, radius=10, w=5):    #高斯带阻滤波器
    #高斯滤波器#Gauss=1/(2*pi*s2)*exp(-(x**2+y**2)/(2*s2))
    u, v=np.meshgrid(np.arange(img.shape[1]), np.arange(img.shape[0]))
    D=np.sqrt((u-img.shape[1]//2)**2+(v-img.shape[0]//2)**2)
    C0=radius
    kernel=1-np.exp(-(D-C0)**2/(w**2))
    return kernel
def gaussian_bandpass_filter(image, D0, W):
    img=cv2.cvtColor(image, cv2.COLOR_BGR2GRAY)
    assert img.ndim==2
    kernel=1.0-gaussBondResistFilter(img, D0, W)
    gray=np.float64(img)
```

```python
        gray_fft = np.fft.fft2(gray)
        gray_fftshift = np.fft.fftshift(gray_fft)
        dst = np.zeros_like(gray_fftshift)
        dst_filtered = kernel * gray_fftshift
        dst_ifftshift = np.fft.ifftshift(dst_filtered)
        dst_ifft = np.fft.ifft2(dst_ifftshift)
        dst = np.abs(np.real(dst_ifft))
        output = np.uint8(dst)
        cv.imwrite(save_path, output)
        return output
    #陷波带通、带阻滤波器
    def notch_filter(img, u0=0, v0=0, d0=50, ftype='stop'):
        #以频谱左上角为坐标原点
        img_gray = cv2.cvtColor(img, cv2.COLOR_BGR2GRAY)
        dft = cv2.dft(img_gray.astype('float32'), flags=cv2.DFT_COMPLEX_OUTPUT)
        dft_shift = np.fft.fftshift(dft)
        m, n, _ = dft_shift.shape
        mask = np.ones_like(dft_shift)
        x_arr = np.concatenate([np.arange(m).reshape(m, 1)], axis=1)
        y_arr = np.concatenate([np.arange(n).reshape(1, n)], axis=0)
        dist = np.sqrt((x_arr-u0)**2+(y_arr-v0)**2)
        mask[dist <= d0] = 0
        if ftype != 'stop':
            mask = 1-mask
        bpf_dft_shift = dft_shift*mask
        magnitude_spectrum = cv2.magnitude(bpf_dft_shift[:, :, 0], bpf_dft_shift[:, :, 1])
        log_magnitude_spectrum = 20*np.log(magnitude_spectrum+1)
        bpf_dft = np.fft.ifftshift(bpf_dft_shift)
        img_ = cv2.idft(bpf_dft)
        img_bpf = cv2.magnitude(img_[:, :, 0], img_[:, :, 1])
        #在进行频域滤波时,如果不进行像素值的归一化,那么输出的图像可能会偏亮或偏暗,甚至全是白色
        #因此,我们需要对输出的结果进行归一化处理,以确保它们的像素值范围为0~255
        new_image = cv2.normalize(img_bpf, None, 0, 255, cv2.NORM_MINMAX, cv2.CV_8U)
        cv2.imwrite(save_path, new_image)
        return img_bpf
    #巴特沃思陷波带通、带阻滤波器
    def bw_notch_filter(image, u0=0, v0=0, d0=50, N=1, ftype='pass'):
        img = cv2.cvtColor(image, cv2.COLOR_BGR2GRAY)
        #以频谱左上角为坐标原点
        dft = cv.dft(img.astype('float32'), flags=cv.DFT_COMPLEX_OUTPUT)
```

```python
    dft_shift=np.fft.fftshift(dft)
    m, n, _ =dft_shift.shape
    x_arr=np.concatenate([np.arange(m).reshape(m, 1)], axis=1)
    y_arr=np.concatenate([np.arange(n).reshape(1, n)], axis=0)
    dist1=np.sqrt((x_arr- u0)**2+(y_arr- v0)**2)
    dist2=np.sqrt((x_arr+u0)**2+(y_arr+v0)**2)
    mask=1/(1. +((d0**2)/(np.multiply(dist1, dist2)+0.00001))**N)
    if ftype=='pass':
        mask=1- mask
    bpf_dft_shift=dft_shift*mask.reshape(m, n, 1)
    magnitude_spectrum=cv.magnitude(bpf_dft_shift[:, :, 0], bpf_dft_shift[:, :, 1])
    log_magnitude_spectrum=20*np.log(magnitude_spectrum+1)
    bpf_dft=np.fft.ifftshift(bpf_dft_shift)
    img_ =cv.idft(bpf_dft)
    output=cv.magnitude(img_[:, :, 0], img_[:, :, 1])
    output=cv2.normalize(output, None, 0, 255, cv2.NORM_MINMAX, cv2.CV_8U)
    cv.imwrite(save_path, output)
    return output

#高斯陷波带通、带阻滤波器
def gaussian_notch_filter(image, u0=0, v0=0, d0=50, ftype='pass'):
    img=cv2.cvtColor(image, cv2.COLOR_BGR2GRAY)
    #以频谱左上角为坐标原点
    dft=cv.dft(img.astype('float32'), flags=cv.DFT_COMPLEX_OUTPUT)
    dft_shift=np.fft.fftshift(dft)
    m, n, _ =dft_shift.shape
    x_arr=np.concatenate([np.arange(m).reshape(m, 1)], axis=1)
    y_arr=np.concatenate([np.arange(n).reshape(1, n)], axis=0)
    dist1=np.sqrt((x_arr- u0)**2+(y_arr- v0)**2)
    dist2=np.sqrt((x_arr+u0)**2+(y_arr+v0)**2)
    mask=1- np.exp(np.multiply(dist1, dist2)/(d0**2)*(- 0.5))
    if ftype=='pass':
        mask=1- mask
    bpf_dft_shift=dft_shift*mask.reshape(m, n, 1)
    magnitude_spectrum=cv.magnitude(bpf_dft_shift[:, :, 0], bpf_dft_shift[:, :, 1])
    log_magnitude_spectrum=20*np.log(magnitude_spectrum+1)
    bpf_dft=np.fft.ifftshift(bpf_dft_shift)
    img_ =cv.idft(bpf_dft)
    output=cv.magnitude(img_[:, :, 0], img_[:, :, 1])
    output=cv2.normalize(output, None, 0, 255, cv2.NORM_MINMAX, cv2.CV_8U)
    cv.imwrite(save_path, output)
    return output
```

```
if __name__=="__main__":
    cv.waitKey(0)   #等待用户操作,里面等待参数是毫秒,我们填写0,代表永远等待用户操作
    cv.destroyAllWindows()   #销毁所有窗口
```

案例代码的运行结果如图 10-6 所示。

图 10-6 案例代码的运行结果

首先进行初始化父类构造函数,由于自定义类继承自 QWidget 类,所以需要先调用父类构造函数。然后使用 createMenu( )方法和 image_show( )方法来创建菜单栏和图像显示区域,这两个方法都是开发者自定义的方法,可以根据具体需求进行修改。其中,createMenu( ) 方法用于创建应用程序的菜单栏,image_show( ) 方法则用于显示图像。最后,调用 self.initUI( ) 方法初始化用户界面。self.initUI( ) 方法主要用来设置应用程序窗口的基本属性(如大小、位置等)以及关联信号和槽函数。该方法通常也是开发者自定义的方法,可以根据具体需求进行修改。在这个主窗口中,我们运用了 9 个槽函数链接到各个处理函数中,创建了 9 个菜单项,再在每个菜单项下创建图像操作选项,具体图像变换交给函数类对象进行处理。

## 本章小结

本章介绍了如何使用 PyQt5 开发图像处理功能的相关知识,包括基础 GUI 编程、多线程编程、事件处理和布局管理等关键技能。通过学习本章内容,我们能够掌握创建 GUI、处理事件、实现布局管理以及在函数类对象中创建图像处理方法等技巧,为开发更加复杂的 GUI 应用打下基础。

在本章中,我们还了解了 PyQt5 对多线程编程的支持,通过多线程可以提高程序在处理复杂任务时的效率。另外,利用 PyQt5 提供的信号槽机制,我们可以方便地实现 GUI 与其他组件之间的交互和通信,进一步增强了程序的灵活性和扩展性。通过使用函数类对象创建图像处理方法,并在主窗口类中进行目标组件的修改,我们能够及时地响应用户的操作,并为其提供实时的反馈信息,使用户的体验更加友好和直观。

## 本章习题

1. 下列算法中属于局部处理的是(　　)。
   A. 灰度线性变换　　　　　　　　B. 二值化
   C. 傅里叶变换　　　　　　　　　D. 中值滤波
2. 下列算法中属于图像平滑处理的是(　　)。
   A. 梯度锐化　　　　　　　　　　B. 直方图均衡化
   C. 中值滤波　　　　　　　　　　D. Laplacian 增强
3. 能去除周期性噪声的滤波器是(　　)。
   A. 带阻滤波器　　　　　　　　　B. 带通滤波器
   C. 均值滤波器　　　　　　　　　D. 中值滤波器
4. 简述 PyQt5 的基本特点。
5. 简述均值滤波器的滤波原理，以及其对高斯噪声、椒盐噪声的滤波效果，试分析其中的原因。

## 习题答案

1. D
2. C
3. A
4. PyQt5 是 Python 编程语言的 GUI 编程工具包，它基于 Qt 应用程序开发框架，提供了一种方法来创建交互式应用程序和桌面应用程序。PyQt5 的基本特点包括：有丰富的组件库、跨平台性、开源免费、优秀的可移植性。
5. 均值滤波器的滤波原理是在图像上，对待处理的像素给定一个模板，该模板包括了其周围的邻近像素，用模板中的全体像素的均值来代替原来的像素值。均值滤波器对高斯噪声的滤波效果较好。

原因：高斯噪声是幅值近似正态分布但分布在每点像素上。因为正态分布的均值为 0，所以均值滤波可以去除噪声。椒盐噪声是幅值近似相等但随机分布在不同位置上，图像中有干净点也有污染点，因为噪声的均值不为 0，所以均值滤波不能很好地去除噪声。

# 第 11 章
## 基于深度学习的肝脏肿瘤分割

### 章前引言

肝脏是人体内脏最大的一个器官，也是新陈代谢的重要器官，肝脏是否健康直接决定了一个人的健康状况。由于肝脏特殊的血液供应系统，所以肝脏疾病的发病率非常高，对肝脏疾病的早发现早治疗也成为当前面临的主要任务。

研究病变肝脏的计算机辅助分割方法具有重大意义。随着深度学习技术的不断创新，深度学习也被成功应用到了医学图像处理领域，并且取得了很好的效果。可以在医疗图像上实现全自动分割，不但提高了分割效率，而且在精度上比结合手工操作和计算机处理相交互的半自动分割提高了许多。

### 教学目的与要求

1. 介绍深度学习在医学图像处理中的应用，以自动分割肝脏病变部位为例。
2. 解释全卷积神经网络 U-Net 的原理和应用，以实现肝脏肿瘤 CT 图的分割算法。
3. 引导学生了解胸部 CT 图的预处理和肝脏肿瘤分割的基本原理。

### 学习目标

1. 熟悉肝脏肿瘤的形态学和病理学特征，了解医学图像学中常用的肝脏 CT、MRI 等成像技术及其原理，掌握医学图像数据处理和分析的基础知识。
2. 掌握深度学习算法和模型在医学图像分析领域中的应用，包括但不限于卷积神经网络（Convolutional Neural Network，CNN）、循环神经网络（Recurrent Neural Network，RNN）、自编码器（Autoencoder）等。同时，了解常见的深度学习架构优化方法和训练技巧，如数据增强、迁移学习、半监督学习等。
3. 能够根据具体任务需求设计合适的深度学习模型，并进行训练和调优。要注意数据集的质量和数量，选择合适的损失函数和评价指标，同时考虑模型的可解释性和泛化能力，以便更好地应用于实际临床中。

## 学习难点

1. 数据集的数量和质量不足，标注存在误差。
2. 肝脏肿瘤形态结构具有多样性。
3. 选择合适的网络架构和优化参数。

## 素养目标

1. 提高编程能力，具备编程实践能力。
2. 提高实践能力，提升数据科学素养。
3. 具备较强的数据处理和数据分析能力，避免数据分布不平衡导致结果偏差较大。

## 11.1 案例基本信息

（1）案例名称：基于深度学习的肝脏肿瘤分割。

（2）案例涉及的基本理论知识点。

①图像分割。

数据采集：采集需要处理的图像数据，并对数据进行清洗和预处理，包括图像去噪、图像增强、灰度归一化、直方图均衡化、空间滤波等。

算法选择：根据数据特征和应用场景，选择合适的图像分割算法。常用的图像分割算法包括基于阈值的分割、基于边缘的分割、基于区域的分割、基于图论的分割、聚类分割和深度学习方法等。

参数设置：根据选择的算法，设置相应的参数，如阈值、半径、邻域大小等。

分割处理：应用所选算法和参数，对图像进行分割处理。这一步需要对分割结果进行可视化和验证，包括分割效果的评价、分割结果的调整等。

优化算法：分割结果可能存在噪声、缺陷等问题，需要根据分割结果优化算法，如形态学处理、后处理等。

评估分割结果：通过定量和定性的方法（如分割精度、召回率、F1值、Dice系数），对分割结果进行评估和分析，以及观察分割结果的视觉效果等。

应用领域：将图像分割技术应用到实际领域中，如医学影像分割、计算机视觉、自动驾驶等方面，以实现更广泛的应用和进一步的研究。

②全卷积神经网络 U-Net。

U-Net 模型采用了编码器-解码器（Encoder-Decoder）结构，其中编码器部分位于 U-Net 模型的左侧，解码器部分位于右侧。

具体来说，U-Net 模型的编码器部分包括多个卷积块，每个卷积块都由一个卷积层和一个池化层组成，用于对输入图像进行下采样（降采样，用池化操作实现）。池化（Pooling）操作是一种常用的数据降维技术，它的主要目的是减小特征图的尺寸，提高计算效率，还可以减少过拟合。

具体来说，池化操作将特征图中的每个小区域(如2×2的区域)取一个代表值，通常是这个区域的最大值或平均值。这样就可以将特征图中的信息进行压缩，减小特征图的尺寸，从而降低计算成本。池化操作还可以通过保留最显著的特征来减少特征图的噪声和冗余信息，从而提高模型的泛化能力，减少过拟合的风险。在下采样的过程中，图像的尺寸被不断缩小，特征图的通道数则逐渐增加。经过多次下采样后，得到了一个高度抽象的特征图，即编码器的输出。

然后，U-Net 模型的解码器部分将编码器的输出进行上采样(升采样)，以恢复图像的细节信息。在 U-Net 模型中，上采样的目的是将下采样后的特征图恢复到原始分辨率，并且在此过程中尽可能地恢复细节信息，以便更准确地进行图像分割。由于下采样会导致图像信息的丢失，所以在上采样时需要尽量恢复丢失的信息。

解码器部分包括多个卷积块，每个卷积块都由一个反卷积层和一个卷积层组成，反卷积层通常被称为上采样层，其作用是将特征图的尺寸逐渐增大，从而还原原始图像的尺寸。卷积层用于对特征图进行进一步处理，提取更高级别的特征，从而提高图像分割的精度。

在上采样过程中，U-Net 模型使用反卷积操作来实现上采样，并将上采样后的特征图与跳跃连接(Skip Connection)的特征图(U-Net 的跳跃连接和 U 型结构就是一种将低级特征和高级语义信息相结合的方法，通过将编码器和解码器的特征图进行连接，从而可以同时获得低级特征和高级语义信息，并且有效解决图像分割中的信息缺失和模糊问题)进行拼接，以便将细节信息注入上采样后的图像，在完成拼接后，U-Net 模型再次应用卷积操作来进一步提取特征，从而生成最终的分割图像。

总之，U-Net 模型的编码器部分位于左侧，解码器部分位于右侧，分别用于提取图像的特征信息和恢复图像的细节信息。编码器和解码器之间通过跳跃连接相互连接，以便在解码器中注入编码器保存的特征信息。这种结构的形状类似于字母"U"，因此被称为 U-Net 模型。

(3)案例使用的平台、语言及库函数如下。

平台：PyCharm、Jupyter。

语言：Python。

库函数：matplotlib、numpy、os、pandas、pydicom、tensorflow、shutil。

## ▶▶▶ 11.2 案例设计方案 ▶▶▶

本节主要对肝脏肿瘤分割的步骤及其创新点进行介绍。

(1)案例描述。

本案例将尝试实现从腹部 CT 图中，使用深度学习方法，自动分割出肝脏病变部位。使用全卷积神经网络 U-Net 的肝脏肿瘤 CT 图的分割算法，对胸部 CT 图进行肝脏肿瘤分割。CT 图的输出如图 11-1 所示。

首先进行数据的预处理，分为以下几个步骤。

①数据加载(CT 图、肝脏肿瘤掩模图)。

- 使用 pydicom 库进行 DICOM 文件(一种常用于医学领域中的数字图像格式)读取。
- 使用 pydicom.dcmread()函数读取文件。

- 使用 sort( ) 函数对文件进行重排序。
- 使用 pixel_array 属性提取图像像素信息。

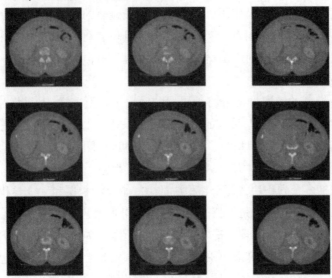

图 11-1　CT 图的输出

②CT 图增强。

CT 图显示和打印面临的一个问题是，图像的亮度和对比度能否充分突出关键部分。这里所指的"关键部分"在 CT 图中的例子有软组织、骨头、脑组织、肺、腹部等。

CT 图的范围一般来说很大，这就导致了其对比度很差，如果需要针对具体的器官进行处理，效果会不好，于是就有了 windowing( ) 函数。观察的 CT 值范围，人们称为窗宽；观察的中心 CT 值为窗位或窗中心。CT 图增强效果如图 11-2 所示。

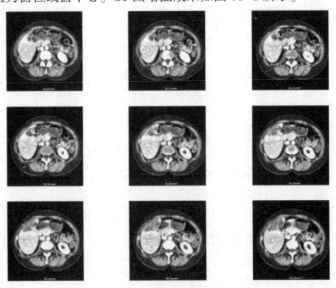

图 11-2　CT 图增强效果

③直方图均衡化增强。

直方图均衡化是一种局部均衡化，即把整幅图像分成许多小块，对每个小块进行均衡化。这种方法主要对图像直方图不是那么单一的(例如存在多峰情况)图像比较实用。opencv 中将这种方法称为 CLAHE，使用的函数就是 cv2.createCLAHE( )。

④获取肝脏肿瘤掩模图。肝脏肿瘤掩模图如图 11-3 所示。

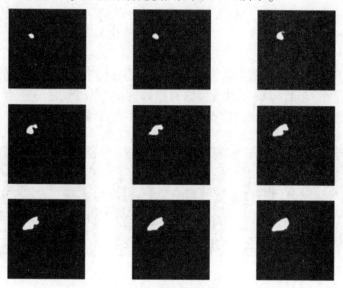

图 11-3　肝脏肿瘤掩模图

⑤保存图像到指定文件夹。

为加快训练速度，自定义函数实现提取肝脏肿瘤对应的 CT 图(处理后)和对应的掩模图，并分别保存到不同的文件夹中，作为模型的输入与输出。

然后，进行模型的构建与训练，使用全卷积神经网络 U-Net 实现图像分割。U-Net 模型如图 11-4 所示。

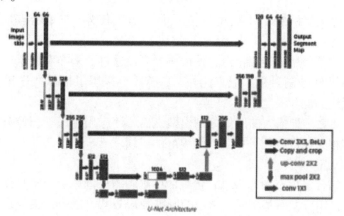

图 11-4　U-Net 模型

图 11-4 是一张 U-Net 的架构图，U-Net 是常用于图像分割任务的深度学习网络。该网络的架构由收缩路径(左侧)、瓶颈(中心)和扩张路径(右侧)组成。不同的层和操作由方框和箭头表示，紫色箭头标记为"conv 3×3, ReLU"，表示卷积层后跟 ReLU 激活函数；指向下方的箭头标记为"max pool 2×2"，表示最大池化操作；指向上方的箭头标记为"up-conv 2×2"，表示上采样或反卷积操作；灰色箭头标记为"copy and crop"，显示了从收缩路径中提取

的特征与扩张路径中的特征相结合的位置。图中数字如"64""128"等表示每层的通道数。

模型构建：U-Net 是一种经典的全卷积神经网络，由编码器和解码器两部分组成。编码器负责将输入图像逐层下采样，提取图像特征；解码器则通过上采样和跳跃连接的方式恢复原始分辨率，并对特征进行融合，得到最终的分割结果。在 U-Net 中，采用了大量的卷积、池化、反卷积等基本操作，同时采用了批标准化和 Dropout 等技术，以提高模型的泛化性能和稳定性。

模型训练：使用准备好的数据集，对 U-Net 模型进行训练。在训练过程中，通常采用交叉熵损失函数，并结合 Adam 等优化器进行参数更新。为了防止过拟合，可以采用早停等技巧，并对训练过程进行可视化监控，以便对模型进行调优。训练结果如图 11-5 所示。

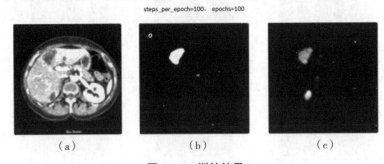

图 11-5　训练结果
(a)原始 CT 图；(b)真实掩模图；(c)预测掩模图

模型评估：训练完成后，需要对模型进行评估。可以采用一些评价指标，如像素准确率、Dice 系数等，对模型的分割效果进行评估。此外，还可以采用交叉验证等方法，提高模型的鲁棒性和泛化性能。

模型应用：可以使用训练好的模型对新的图像进行分割，实现对目标区域的精准定位和提取。

U-Net 是一种全卷积神经网络，特别适合图像分割任务。它的特点是结构简单、训练高效、分割效果优良。U-Net 采用编码器-解码器结构，在编码器部分逐层下采样提取图像特征，同时保留了跨层的连接信息，使解码器可以通过上采样和跳跃连接的方式，快速恢复分辨率并且准确分割目标区域。此外，U-Net 还采用了批标准化和 Dropout 等技术，提高了模型的泛化性能和稳定性。

总之，U-Net 是一种强大的图像分割模型，被广泛应用于医学图像分析、自然图像分割等领域，并在相关比赛和任务中获得了很好的成绩。

(2)案例创新点。

本案例中，结合多模态图像信息：传统的肝脏肿瘤分割算法通常只使用一种类型的医学影像(如 CT 或 MRI)，而基于深度学习的肝脏肿瘤分割方法可以集成多种模态的图像信息来提高分割精度。例如，可以将 CT 和 MRI 的图像信息进行融合，利用不同模态的优势相互补充，从而更准确地定位和分割肝脏肿瘤。

引入三维卷积神经网络：传统的肝脏肿瘤分割算法通常只考虑二维平面上的图像信息，无法对立体结构进行准确的分割。而现代的深度学习技术可以通过引入三维卷积神经网络来处理三维医学影像，从而实现更精确的肝脏肿瘤分割。

利用增强学习优化分割结果：基于深度学习的肝脏肿瘤分割方法可以结合增强学习技术进一步优化分割结果。例如，可以设计一个基于奖励机制的分割器，通过迭代训练来优化分割策略并提高分割精度。

采用注意力机制：传统的卷积神经网络通常将所有图像区域视为同等重要，然而在医学影像中，肝脏肿瘤往往只出现在特定区域，而其他区域对分割结果的贡献较小。因此，可以采用注意力机制来更加关注具有重要信息的区域，从而提高肝脏肿瘤分割的准确性。

基于无监督学习：传统的深度学习方法通常需要大量的标注数据进行训练，但是医学影像的标注工作较为困难和耗时。因此，可以利用无监督学习技术（如自编码器、生成对抗网络等）来构建无须标注数据的肝脏肿瘤分割模型，从而节省标注成本并增强分割效果。

## 11.3 案例数据及代码

（1）案例数据样例或数据集。

本案例中的数据集由 10 名女性和 10 名男性肝脏肿瘤患者的 CT 图组成，如图 11-6 所示。每名患者的文件夹内包含 4 个压缩包和 1 幅图像。

PATIENT_DICOM.zip——DICOM 格式的匿名患者图像。

LABELLED_DICOM.zip——DICOM 格式分割的各个感兴趣区域对应的标签图像。

MASKS_DICOM.zip——包含每个 mask 的图像的不同区域的一组文件夹。

MESHES_VTK.zip——VTK 格式的各个感兴趣区域的曲面网格对应的所有文件。

liver_01.jpg——一幅小图像，表示各种曲面网格的叠加。

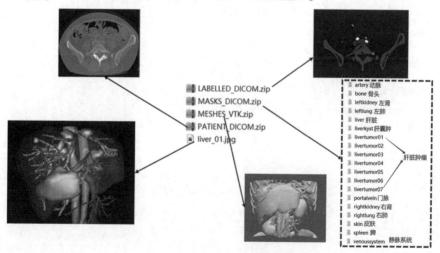

图 11-6 肿瘤分割案例数据集

（2）案例代码。

本案例首先对每名患者的数据集进行处理，实现了对 CT 图和肿瘤掩模图的增强处理；接着使用基于全卷积神经网络 U-Net 的肝脏肿瘤 CT 图的分割算法，对胸部 CT 图进行肝脏肿瘤分割任务。

```
data_path=r'3Dircadb1\3Dircadb1.1\PATIENT_DICOM'
#读取单幅图像
img=pydicom.dcmread(os.path.join(data_path,'image_0'))
plt.imshow(img.pixel_array,cmap='gray')#灰度图像
```

```python
plt.axis('off')#去掉坐标轴
plt.show()
#批量数据读取
image_slices=[pydicom.dcmread(os.path.join(data_path,file_name)) for file_name in os.listdir(data_path)]
os.listdir(data_path)#默认按照字符排序,顺序可能会被打乱
#重新排序,避免CT图乱序
image_slices.sort(key=lambda x:x.InstanceNumber)#按照x的顺序属性
#提取像素值
image_array=np.array([i.pixel_array for i in image_slices])   #列表推导式
#%%
#可视化展示读取的数据
j=1
for i in range(51,60):
    plt.subplot(3,3,j)
    plt.imshow(image_array[i],cmap='gray')
    plt.axis('off')
    j+=1
plt.show()
plt.hist(image_array.reshape(-1,),bins=50)
plt.show()
plt.show()
#%%
#给定windowing()自定义函数
def windowing(img, window_width, window_center):
    #img:需要增强的图像
    #window_width:窗宽
    #window_center:中心
    minWindow=float(window_center)-0.5*float(window_width)
    new_img=(img-minWindow)/float(window_width)
    new_img[new_img<0]=0
    new_img[new_img>1]=1
    return (new_img*255).astype('uint8') #把数据整理成标准图像格式
img_ct=windowing(image_array,500,150)
j=1
for i in range(51,60):
    plt.subplot(3,3,j)
    plt.imshow(img_ct[i],cmap='gray')
    plt.axis('off')
    j+=1
plt.show()
```

```python
    img_ct=windowing(image_array,250,0)
    j=1
    for i in range(51,60):
        plt. subplot(3,3,j)
        plt. imshow(img_ct[i],cmap='gray')
        plt. axis('off')
        j+=1
    plt. show()
    #img_ct. shape
    #clahe=cv2. createCLAHE(clipLimit=2. 0, tileGridSize=(8,8))
    #clahe. apply(img_ct[0])#一次只能处理一幅图像
    #自定义批量均衡化函数
    def clahe_equalized(imgs):
        #输入 imgs 的形状必须是三维的（129,512,512）
        assert(len(imgs. shape )==3)
        #定义均衡化函数
        clahe=cv2. createCLAHE(clipLimit=2. 0, tileGridSize=(8,8))
        #新数组用来存放均衡化后的数据
        img_res=np. zeros_like(imgs)
        for i in range(len(imgs)):
            img_res[i,:,:]=clahe. apply(np. array(imgs[i,:,:],dtype=np. uint8))
        return img_res/255. 0
    #%%
    img_clahe=clahe_equalized(img_ct)
    #%%
    j=1
    for i in range(51,60):
        plt. subplot(3,3,j)
        plt. imshow(img_clahe[i],cmap='gray')
        plt. axis('off')
        j+=1
    plt. show()
    #只用一个肿瘤示范
    data_path_mask=r'3Dircadb1\3Dircadb1. 1\MASKS_DICOM\livertumor01'
    #批量数据读取
    tumor_slices=[pydicom. dcmread(os. path. join(data_path_mask,file_name)) for file_name in os. listdir(data_path)]
    #重新排序,避免 CT 图乱序
    tumor_slices. sort(key=lambda x:x. InstanceNumber)#顺序属性
    #提取像素值
    tumor_array=np. array([i. pixel_array for i in tumor_slices])
    #%%
```

```python
#可视化展示读取的数据
j=1
for i in range(51,60):
    plt.subplot(3,3,j)
    plt.imshow(tumor_array[i],cmap='gray')
    plt.axis('off')
    j+=1
plt.show()
plt.show()
#%%
#没有肿瘤的掩模图全部是黑色,对应的像素数组全为0
index=[i.sum()>0  for i in tumor_array] #提取含肿瘤部分
#提取掩模图的肿瘤部分
img_tumor=tumor_array[index]
#对增强后的CT图提取肿瘤部分
img_patient=img_clahe[index]
#%%
#可视化展示读取的数据
j=1
for i in range(0,9):
    plt.subplot(3,3,j)
    plt.imshow(img_tumor[i],cmap='gray')
    plt.axis('off')
    j+=1
plt.show()
#可视化展示读取的数据
j=1
for i in range(0,9):
    plt.subplot(3,3,j)
    plt.imshow(img_patient[i],cmap='gray')
    plt.axis('off')
    j+=1
plt.show()
#可视化展示读取的数据
j=1
for i in range(0,9):
    plt.subplot(3,3,j)
    plt.imshow(img_patient[i],cmap='gray')
    plt.axis('off')
    j+=1
plt.show()
#%% md
#保存肿瘤数据
```

```python
#%%
#设置保存文件的路径
patient_save_path=r'tmp/patient'
tumor_save_path=r'tmp/tumor'
for path in [patient_save_path,tumor_save_path]:
    if os.path.exists(path):#判断文件夹是否存在
        shutil.rmtree(path)#如果存在就清空
    os.makedirs(path)#新增空文件夹用来存放数据
#%%
#保留一个肿瘤的数据
#for i in range(len(img_patient)):
#plt.imsave(os.path.join(patient_save_path,f'{i}.jpg'),img_patient[i],cmap='gray')#CT 图
#plt.imsave(os.path.join(tumor_save_path,f'{i}.jpg'),img_tumor[i],cmap='gray')#掩模图
#%%
#保存所有的肿瘤数据
livertumor_path=r'3Dircadb1\3Dircadb1.1\MASKS_DICOM'
#肿瘤路径
tumor_paths=[os.path.join(livertumor_path,i) for i in os.listdir(livertumor_path) if 'livertumor'in i]
tumor_paths.sort()
#提取所有的肿瘤数据
j=0
for tumor_path in tumor_paths:
    print('正在处理第%d 个肿瘤'%j)
    #批量数据的读取
    tumor_slices = [pydicom.dcmread(os.path.join(tumor_path,file_name)) for file_name in os.listdir(tumor_path)]
    #重新排序,避免 CT 图乱序
    tumor_slices.sort(key=lambda x:x.InstanceNumber)#顺序属性
    #提取像素值
    tumor_array=np.array([i.pixel_array for i in tumor_slices])
    #没有肿瘤的掩模图全部是黑色,对应的像素数组全为 0
    index=[i.sum()>0  for i in tumor_array] #提取含肿瘤部分
    #提取掩模图的肿瘤部分
    img_tumor=tumor_array[index]
    #对增强后的 CT 图提取肿瘤部分
    img_patient=img_clahe[index]
    #保存数据
    for i in range(len(img_patient)):
        plt.imsave(os.path.join(patient_save_path,f'{j}_{i}.jpg'),img_patient[i],cmap='gray')
        #CT 图
        plt.imsave(os.path.join(tumor_save_path,f'{j}_{i}.jpg'),img_tumor[i],cmap='gray')
        #掩模图
```

```python
        j+=1
    #设置保存文件的路径
    patient_save_path=r'tmp/patient'#CT图的保存路径
    tumor_save_path=r'tmp/tumor'#掩模图的保存路径
    for path in [patient_save_path,tumor_save_path]:
        if os.path.exists(path): #判断文件夹是否存在
            shutil.rmtree(path)#如果存在就清空
        os.makedirs(path)#新增空文件夹用来存放数据
#%%
    for num in range(1,21):
        print('正在处理第%d名病人的数据'%num)
        #======CT图处理==================
        #读取CT图数据
        data_path=fr'3Dircadb1\3Dircadb1.{num}\PATIENT_DICOM'
        #批量数据的读取
        image_slices=[pydicom.dcmread(os.path.join(data_path,file_name)) for file_name in os.listdir(data_path)]
        os.listdir(data_path)#默认按照字符排序,顺序乱掉了
        #重新排序,避免CT图乱序
        image_slices.sort(key=lambda x:x.InstanceNumber)#顺序属性
        #提取像素值
        image_array=np.array([i.pixel_array for i in image_slices])
        #CT图增强——windowing
        img_ct=windowing(image_array,250,0)
        #直方图均衡化
        img_clahe=clahe_equalized(img_ct)
        #========掩模图处理================================
        #保存所有的肿瘤数据
        livertumor_path=fr'3Dircadb1\3Dircadb1.{num}\MASKS_DICOM'
        #肿瘤路径
        tumor_paths=[os.path.join(livertumor_path,i) for i in os.listdir(livertumor_path) if 'livertumor'in i]
        tumor_paths.sort()
        #提取所有肿瘤数据
        j=0
        for tumor_path in tumor_paths:
            print('正在处理第%d个肿瘤'%j)
            #批量数据的读取
            tumor_slices=[pydicom.dcmread(os.path.join(tumor_path,file_name)) for file_name in os.listdir(tumor_path)]
            #重新排序,避免CT图乱序
            tumor_slices.sort(key=lambda x:x.InstanceNumber)#顺序属性
```

```python
        #提取像素值
        tumor_array=np.array([i.pixel_array for i in tumor_slices])
        #没有肿瘤的掩模图全部是黑色,对应的像素数组全为0
        index=[i.sum()>0  for i in tumor_array] #提取含肿瘤部分
        #提取掩模图的肿瘤部分
        img_tumor=tumor_array[index]
        #对增强后的CT图提取肿瘤部分
        img_patient=img_clahe[index]
        #保存数据
        for i in range(len(img_patient)):
            plt.imsave(os.path.join(patient_save_path,f'{num}_{j}_{i}.jpg'),img_patient[i],cmap='gray') #CT图
            plt.imsave(os.path.join(tumor_save_path,f'{num}_{j}_{i}.jpg'),img_tumor[i],cmap='gray')#掩模图
        j+=1
import os
import shutil
import tensorflow as tf
import cv2
import numpy as np
import pandas as pd
import matplotlib.pyplot as plt
from tensorflow.keras import  backend as K
from tensorflow.keras.layers import *
from tensorflow.keras.callbacks import ModelCheckpoint
from tensorflow.keras.preprocessing.image import ImageDataGenerator
generator_args=dict(
    rotation_range=0.1,#旋转角度
    width_shift_range=0.05,#水平移动
    height_shift_range=0.05,#垂直移动
    shear_range=0.05,#剪切
    zoom_range=0.05,#缩放
    horizontal_flip=False,#水平翻转
    vertical_flip=False,#垂直翻转
)
ct_datagen=ImageDataGenerator(generator_args)#CT图生成器
mask_datagen=ImageDataGenerator(generator_args)#掩模图生成器
#保存图像增强后数据的路径
save_datagen_path=r'tmp2'
if os.path.exists(save_datagen_path):
    shutil.rmtree(save_datagen_path)
os.makedirs(save_datagen_path)
```

```python
#%%
#目标路径——CT图增强
generator_path=r'tmp'
ct_generator=ct_datagen.flow_from_directory(
    generator_path,#目标路径
    classes=['patient'],#处理的文件夹
    class_mode=None,
    color_mode='grayscale',#灰度图像
    target_size=(512,512),#图像大小
    batch_size=2,#图像个数
    save_to_dir=save_datagen_path,#保存
    save_prefix='ct_',#增强后图像的前缀
    seed=123,
)
mask_generator=mask_datagen.flow_from_directory(
    generator_path,#目标路径
    classes=['tumor'],#处理的文件夹
    class_mode=None,
    color_mode='grayscale',#灰度图像
    target_size=(512,512),#图像大小
    batch_size=2,#图像个数
    save_to_dir=save_datagen_path,#保存
    save_prefix='mask_',#增强后图像的前缀
    seed=123,
)
train_generator=zip(ct_generator,mask_generator)#成组处理
#%%
#可视化
for ct,mask in train_generator:
    print(ct[0][:,:,0].shape,mask.shape)
    plt.subplot(2,2,1)
    plt.imshow(ct[0][:,:,0],cmap='gray')
    plt.axis('off')
    plt.subplot(2,2,2)
    plt.imshow(mask[0][:,:,0],cmap='gray')
    plt.axis('off')
    plt.subplot(2,2,3)
    plt.imshow(ct[1][:,:,0],cmap='gray')
    plt.axis('off')
    plt.subplot(2,2,4)
    plt.imshow(mask[1][:,:,0],cmap='gray')
    plt.axis('off')
```

```python
        break
    plt.show()
def adjust_data(ct,mask):
    #ct:CT图
    #mask:掩模图
    ct=ct/255.0
    mask=mask/255.0
    mask[mask>0.5]=1#对掩模图做灰度处理
    mask[mask<=0.5]=0
    return ct,mask
#自定义图像增强函数
def train_generator():
    #======1.定义图像生成器===========================
    generator_args=dict(
        rotation_range=0.1,#旋转角度
        width_shift_range=0.05,#水平移动
        height_shift_range=0.05,#垂直移动
        shear_range=0.05,#剪切
        zoom_range=0.05,#缩放
        horizontal_flip=False,#水平翻转
        vertical_flip=False,#垂直翻转
    )
    #=====2.分别对CT图和掩模图做图像增强=====================
    ct_datagen=ImageDataGenerator(generator_args)#CT图生成器
    mask_datagen=ImageDataGenerator(generator_args)#掩模图生成器
    #====3.实现图像增强==============================
    generator_path=r'tmp'
    ct_generator=ct_datagen.flow_from_directory(
        generator_path,#目标路径
        classes=['patient'],#处理的文件夹
        class_mode=None,
        color_mode='grayscale',#灰度图像
        target_size=(512,512),#图像大小
        batch_size=2,#图像个数
        save_to_dir=save_datagen_path,#保存
        save_prefix='ct_',#增强后图像的前缀
        seed=123,
    )
    mask_generator=mask_datagen.flow_from_directory(
        generator_path,#目标路径
```

```
        classes=['tumor'],#处理的文件夹
        class_mode=None,
        color_mode='grayscale',#灰度图像
        target_size=(512,512),#图像大小
        batch_size=2,#图像个数
        save_to_dir=save_datagen_path,#保存
        save_prefix='mask_',#增强后图像的前缀
        seed=123,
    )
    train_generator=zip(ct_generator,mask_generator)#成组处理
    #============4.增强后的图像做归一化处理====================
    for (ct,mask) in train_generator:
        yield adjust_data(ct,mask)
#%%
gene=train_generator() #模型的输入和输出,可以直接放在模型的训练中
#可视化
for ct,mask in gene:
    print(ct[0][:,:,0].shape,mask.shape)
    plt.subplot(2,2,1)
    plt.imshow(ct[0][:,:,0],cmap='gray')
    plt.axis('off')
    plt.subplot(2,2,2)
    plt.imshow(mask[0][:,:,0],cmap='gray')
    plt.axis('off')
    plt.subplot(2,2,3)
    plt.imshow(ct[1][:,:,0],cmap='gray')
    plt.axis('off')
    plt.subplot(2,2,4)
    plt.imshow(mask[1][:,:,0],cmap='gray')
    plt.axis('off')
    break
plt.show()
from frontend import Input
from keras.layers import Conv2D, UpSampling2D, MaxPool2D
from numpy import concatenate
#模型
#from tensorflow.keras import    backend as K
#from tensorflow.keras.layers import *
K.clear_session()
def u_net(input_size=(512,512,1)):
    inputs=Input(input_size)
    conv1=Conv2D(64,3,activation='relu',padding='same',kernel_initializer='he_normal')(inputs)
```

```python
        conv2=Conv2D(64,3,activation='relu',padding='same',kernel_initializer='he_normal')(conv1)
        pool1=MaxPool2D(pool_size=(2,2))(conv2)
        conv3=Conv2D(128,3,activation='relu',padding='same',kernel_initializer='he_normal')(pool1)
        conv4=Conv2D(128,3,activation='relu',padding='same',kernel_initializer='he_normal')(conv3)
        pool2=MaxPool2D(pool_size=(2,2))(conv4)
        conv5=Conv2D(256,3,activation='relu',padding='same',kernel_initializer='he_normal')(pool2)
        conv6=Conv2D(256,3,activation='relu',padding='same',kernel_initializer='he_normal')(conv5)
        pool3=MaxPool2D(pool_size=(2,2))(conv6)
        conv7=Conv2D(512,3,activation='relu',padding='same',kernel_initializer='he_normal')(pool3)
        conv8=Conv2D(512,3,activation='relu',padding='same',kernel_initializer='he_normal')(conv7)
        pool4=MaxPool2D(pool_size=(2,2))(conv8)
        conv9=Conv2D(1024,3,activation='relu',padding='same',kernel_initializer='he_normal')(pool4)
        conv10=Conv2D(1024,3,activation='relu',padding='same',kernel_initializer='he_normal')(conv9)
        up1=UpSampling2D((2,2))(conv10)#反卷积
        conv11=Conv2D(512,3,activation='relu',padding='same',kernel_initializer='he_normal')(
            concatenate([up1,conv8],axis=3))#开始右半部分
        conv12=Conv2D(512,3,activation='relu',padding='same',kernel_initializer='he_normal')(conv11)
        up2=UpSampling2D((2,2))(conv12)#反卷积
        conv13=Conv2D(256,3,activation='relu',padding='same',kernel_initializer='he_normal')(
            concatenate([up2,conv6],axis=3))
        conv14=Conv2D(256,3,activation='relu',padding='same',kernel_initializer='he_normal')(conv13)
        up3=UpSampling2D((2,2))(conv14)#反卷积
        conv15=Conv2D(128,3,activation='relu',padding='same',kernel_initializer='he_normal')(
            concatenate([up3,conv4],axis=3))
        conv16=Conv2D(256,3,activation='relu',padding='same',kernel_initializer='he_normal')(conv15)
        up4=UpSampling2D((2,2))(conv16)#反卷积
        conv17=Conv2D(64,3,activation='relu',padding='same',kernel_initializer='he_normal')(
            concatenate([up4,conv2],axis=3))
        conv18=Conv2D(64,3,activation='relu',padding='same',kernel_initializer='he_normal')(conv17)
        out=Conv2D(1,1,activation='sigmoid')(conv18)
        model=tf.keras.Model(inputs=inputs,outputs=out)#构建模型
        model.compile(loss='binary_crossentropy',optimizer='adam',metrics=['accuracy'])#模型编译
        #model.summary()
        return model
model_path=r'tmp\model.h5'
model_ckpt=ModelCheckpoint(model_path,save_best_only=False,verbose=1)
class ShowMask(tf.keras.callbacks.Callback):
    def __init__(self):
        super().__init__()
    def on_epoch_end(self, epoch, logs=None):
        print()
```

```python
    for ct, mask in gene:
        plt.subplot(1, 3, 1)
        plt.imshow(ct[0], cmap='gray')
        plt.axis('off')
        plt.subplot(1, 3, 2)
        plt.imshow(mask[0], cmap='gray')
        plt.axis('off')
        plt.subplot(1, 3, 3)
        plt.imshow(model.predict(ct[0].reshape(1, 512, 512, 1))[0], cmap='gray')
        plt.axis('off')
        plt.show()
        break
model.fit(gene,steps_per_epoch=4,epochs=2,callbacks=[model_ckpt,ShowMask()])
patient_id='1_58_10'
```

#1.1 读取病人的CT图(tmp文件夹,已经做了windowing、直方图均衡化)

```python
patient_ct=cv2.imread(f'./tmp/patient/{patient_id}.jpg')
```

#1.2 读取病人的掩模图

```python
patient_mask=cv2.imread(f'./tmp/tumor/{patient_id}.jpg', cv2.IMREAD_GRAYSCALE)
```

#2.1 模型加载(已经训练好的模型)

```python
model_test=tf.keras.models.load_model('./u_net-512-512-1-liver_tumor5.h5')
```

#2.2 模型输入的处理

#2.2.1 灰度处理

```python
ct_gray=cv2.cvtColor(patient_ct, cv2.COLOR_BGR2GRAY)
```

#2.2.2 数据形状(batch_size, img_height, img_height, img_channel_size)

```python
ct_gray=ct_gray.reshape((1, 512, 512, 1))
```

#2.2.3 归一化

```python
ct_gray=ct_gray/255.0
```

#2.3 模型预测

```python
pred_mask=model_test.predict(ct_gray)[0]
```

#3 结果展示

```python
_, patient_mask=cv2.threshold(patient_mask, 127, 255, 0)
```

#3.1 轮廓线的提取

```python
contours, _=cv2.findContours(patient_mask, cv2.RETR_TREE, cv2.CHAIN_APPROX_SIMPLE)
```

#3.2 在CT图上绘制轮廓线

```python
overlap_img=cv2.drawContours(patient_ct.copy(), contours,-1, (0, 255, 0), 2)
```

#3.3 展示

```python
cv2.imshow('real', overlap_img)
cv2.waitKey(0)
```

#3 结果展示

```python
_, bi_mask=cv2.threshold((pred_mask*255).astype('uint8'), 127, 255, 0)
```

#3.1 轮廓线的提取

```python
contours, _=cv2.findContours(bi_mask, cv2.RETR_TREE, cv2.CHAIN_APPROX_SIMPLE)
```

```
#3.2 在 CT 图上绘制轮廓线
overlap_img2=cv2.drawContours(patient_ct.copy(), contours,-1, (255, 0, 0), 2)
#3.3 展示
cv2.imshow('predict', overlap_img2)
cv2.waitKey(0)
```

③案例代码的运行结果如图 11-7 所示。

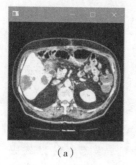
(a)

(b)

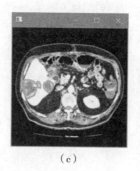
(c)

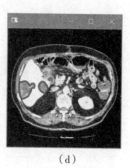
(d)

图 11-7　案例代码的运行结果

(a)原始 CT 图；(b)预测掩模图；(c)真实结果；(d)预测结果

肝脏肿瘤分割可以得到一幅二值图像，其中肿瘤区域被标记为白色，非肿瘤区域则为黑色。观察分割结果图像可以发现，白色区域的形态大小不同，这些形态特征可以提供关于肿瘤的信息。例如，如果肿瘤区域呈现出较大的体积，可能意味着肿瘤已经进入晚期；或者如果肿瘤区域呈现出较多的分支，则可能表明肿瘤的生长性质更加恶性。

通过可视化分割结果，可以更好地展示肝脏肿瘤的位置和大小情况，这对医生进行诊断和治疗决策具有重要的帮助作用。同时，如果可视化效果较好，那么对于普通用户来说，也能够更容易地理解和接受分割结果。

## 本章小结

本章主要介绍了基于深度学习的肝脏肿瘤分割技术。首先，介绍了肝脏肿瘤的种类以及传统分割方法存在的问题；接着，详细讨论了一些针对肝脏肿瘤分割任务的网络结构，如 U-Net，并分析了它的优缺点；最后，探讨了深度学习在肝脏肿瘤分割中的一些关键技术，包括数据增强、损失函数、优化器等。这些技术对于提高模型的性能和鲁棒性非常重要。

本章系统地介绍了基于深度学习的肝脏肿瘤分割技术，包括其原理、方法、关键技术。这些内容对于医学图像处理领域的研究和实践都具有重要的参考价值。

## 本章习题

1. 下列哪个深度学习模型最常用于肝脏肿瘤分割任务？(　　)
   A. 循环神经网络　　　　　　　　B. 卷积神经网络
   C. 生成对抗网络　　　　　　　　D. 注意力机制网络
2. 下列哪种技术对于提高模型的性能和鲁棒性非常重要？(　　)

A. 数据预处理            B. 损失函数

C. 优化器                D. 批量归一化

3. 跨模态的肝脏肿瘤分割任务中，下列哪种方法可以实现不同模态之间的信息融合？

A. 基于图的半监督学习        B. 基于注意力机制的网络

C. 基于迁移学习的方法        D. 基于协同训练的方法

4. 简述 U-Net 网络结构的基本原理。

5. 数据增强在肝脏肿瘤分割中起到了什么作用？数据增强方法有哪些？

## 习题答案

1. B

2. B

3. B

4. U-Net 是一种常用于图像分割任务的深度卷积神经网络，其特点是具有对称性的编码器-解码器结构。编码器部分由多个卷积层和池化层组成，用于提取输入图像的特征；解码器部分则由上采样和卷积操作组成，用于将编码器提取的特征映射还原到与输入图像相同的尺寸。此外，U-Net 还引入了跳跃连接机制，它可以将编码器中的特征图与解码器中对应的特征图进行拼接，从而提高分割结果的准确性。

5. 数据增强是指通过对训练数据进行各种变换来扩充数据集的大小，以增加训练数据的多样性和数量。在肝脏肿瘤分割中，由于训练数据通常较少，且存在类别不平衡问题，所以数据增强可以有效缓解过拟合和提高模型的泛化能力。常用的数据增强方法包括翻转、旋转、缩放等。

# 第 12 章 直方图综合应用

## 章前引言

直方图是一种常用的统计工具和可视化方法，用于了解数据集的分布情况。直方图可以帮助我们观察和理解数据的集中趋势、离散程度以及可能存在的异常值。本章将介绍直方图的基本概念以及直方图绘制、归一化、均衡化、局部均衡化、二值化和相似度计算的方法，将通过案例代码及其运行结果来展示这些方法的效果，并讨论它们在不同场景下的应用。

## 教学目的与要求

1. 理解直方图的基本概念和实现方法。
2. 掌握直方图绘制、归一化、均衡化、局部均衡化、二值化和相似度计算的方法。
3. 学会将直方图处理应用于图像处理中。
4. 熟悉 opencv 库的基本使用方法，通过本章的学习，学生将能够深入了解直方图的原理和应用并掌握如何使用 Python 来实现直方图处理的方法，同时将学会如何将所学知识应用于图像处理中，提高自己的实际应用能力。

## 学习目标

1. 掌握直方图的基本概念，理解直方图的意义和作用。
2. 学会绘制灰度图像和彩色图像的直方图。
3. 掌握直方图归一化的方法，了解直方图均衡化的原理和实现。
4. 学会使用局部直方图均衡化来处理图像，了解其优缺点。
5. 了解直方图二值化的原理和常见方法，能够实现直方图二值化处理。
6. 学会计算直方图之间的相似度，掌握常用的相似度计算方法。
7. 熟悉 Python 中 opencv 库的使用，掌握相关函数的调用方法。

# 学习难点

1. 直方图均衡化的原理和实现方法，需要理解图像灰度级的概念和直方图均衡化的算法原理。

2. 局部直方图均衡化的思想和方法，需要理解其优缺点并掌握局部直方图均衡化的实现方法。

3. 直方图二值化的原理和方法，需要了解不同的直方图二值化的方法以及其适用场景。

4. 相似度计算的方法，需要理解不同相似度评价指标的计算方式，并能够根据不同场景选择合适的相似度评价方法。

5. opencv库的使用，需要了解opencv库中直方图处理函数的使用方法。

6. 图像处理实践能力，需要将所学知识应用于实际图像处理中，提高自己的实际应用能力。

# 素养目标

1. 图像处理素养：能够理解直方图的基本概念和作用，并掌握直方图处理的基本技能，提高自己的图像处理能力。

2. 编程素养：能够熟悉Python编程语言，掌握opencv库中直方图处理相关的函数调用方法，提高自己的编程能力。

3. 学习素养：能够结合理论学习和实践探索，深入了解直方图处理的原理和方法，并将所学知识应用于实际图像处理中，提高自己的学习素养。

4. 创新素养：能够灵活运用所学知识，结合实际应用场景，提出新的直方图处理思路和方法，并能够完成创新性的图像处理任务，提高自己的创新素养。

## 12.1 案例基本信息

（1）案例名称：直方图综合应用。

（2）案例涉及的基本理论知识点。

在上文中，介绍了灰度直方图及其相关图像处理方法。直方图归一化被提及，它通过调整图像像素的分布范围，使其覆盖整个灰度范围，以提高图像的清晰度。直方图均衡化被描述为一种增强图像对比度的手段，通过使用累积分布函数将像素值映射到近似均匀分布。此外，文中还阐述了直方图规定化，这是一种根据已知目标灰度直方图进行图像转换的方法。

（3）案例使用的平台、语言及库函数如下。

平台：PyCharm、Jupyter。

语言：Python。

库函数：numpy、matplotlib、opencv。

## 12.2 案例设计方案

本实验通过对直方图进行归一化、均衡化以及规定化来展示牛的数据图像的相关特点。

## 12.3 案例数据及代码

(1) 案例数据样例或数据集如图 12-1 所示。

图 12-2 案例数据样例或数据集

(2) 案例代码。

ex12-1：这段代码主要是关于图像处理中直方图的相关概念和方法。在图像处理中，直方图是一种非常重要的统计图表。它反映了图像中像素亮度分布的情况，通常包含了图像中各种亮度像素的数量或占比等信息，因此经常被用来进行图像分析和处理。

```
import cv2
import numpy as np
import matplotlib.pyplot as plt
#定义一个直方图函数,输入为图像和图像名称
def histogram(img, img_name, histogram_name):
    #绘制直方图:第一种方法
    plt.subplot(121)
    plt.hist(img.ravel(), 256, [0, 256])
    #计算直方图和像素值范围
    hist, bins=np.histogram(img.ravel(), 256, [0, 256])
    plt.subplot(122)
    #绘制直方图:第二种方法
    plt.bar(np.arange(256), hist, width=1)
    plt.subplots_adjust(wspace=0.3)    #调整子图间距
    plt.xlim([0, 256])
```

```python
    plt.ylim([0, np.max(hist)*1.1])
    plt.xlabel('Pixel intensity')
    plt.ylabel('Pixel count')
    plt.title('Histogram')
    #保存直方图
    plt.savefig(histogram_name)
    #显示直方图
    plt.show()
#测试例
if __name__=='__main__':
    #读取图像
    img=cv2.imread('test.jpg', 0)
    #绘制直方图
    histogram(img, 'test.jpg', 'histogram.png')
    print('Histogram saved successfully.')
```

ex12-2：直方图归一化的本质就是让变化后的直方图的每一个像素等级的概率相等。

```python
import cv2
import numpy as np
import matplotlib.pyplot as plt
#定义一个用来绘制灰度图像像素值归一化直方图的函数
def draw_gray_histogram_normalized(img, img_name, img_histogramname1):
    hist, bins=np.histogram(img.ravel(), 256, [0, 256])
    plt.figure(figsize=(8, 6))
    plt.plot(hist/float(img.size), color='gray')
    plt.xlim([0, 256])
    plt.ylim([0, np.max(hist)/float(img.size)])
    plt.xlabel('Pixel intensity')
    plt.ylabel('Pixel count (normalized)')
    plt.title('Gray image- Normalized histogram')
    plt.savefig(img_histogramname1)
    plt.show()
#测试例
if __name__=='__main__':
    #读取图像
    img=cv2.imread('test.jpg', 0)
    #绘制直方图
    draw_gray_histogram_normalized(img, 'test.jpg', 'gray_histogram_normalized.png')
    print('Normalized histogram saved successfully.')
```

ex12-3：直方图均衡化的基本原理是对在图像中像素个数多的灰度值（即对画面起主要作用的灰度值）进行展宽，而对像素个数少的灰度值（即对画面不起主要作用的灰度值）进行归并，从而提高图像对比度，使图像清晰，达到增强的目的。

```python
import cv2
#对图像进行全局直方图均衡化
def get_global_equalizeHist(img,equalizeHistName):
    #将输入图像转为灰度图像
    gray=cv2.cvtColor(img, cv2.COLOR_BGR2GRAY)
    #对灰度图像进行全局直方图均衡化
    img_result=cv2.equalizeHist(gray)
    #将处理后的图像保存为 equalizeHistName
    cv2.imwrite(equalizeHistName, img_result)
#测试例
if __name__=='__main__':
    #读取图像
    img=cv2.imread('test.jpg')
    #对图像进行全局直方图均衡化
    get_global_equalizeHist(img, 'equalizeHist.jpg')
    print('Global histogram equalization saved successfully.')
    #显示原始图像和处理后的图像
    cv2.imshow('Original Image', img)
    cv2.imshow('Equalized Image', cv2.imread('equalizeHist.jpg'))
    cv2.waitKey(0)
    cv2.destroyAllWindows()
```

ex12-4：在图像处理中，局部直方图均衡化是一种常用的方法，用于改善图像的对比度并增强图像的细节和特征。其常用的方法是利用直方图均衡化原理，对图像的每个小区域进行均衡化操作，以消除图像局部区域的大幅度亮度变化，达到增强图像局部细节的效果。

这段代码导入了 cv2 库，并定义了一个名为 get_part_equalizeHist 的函数。该函数的功能是将读入的 RGB 彩色图像转化为灰度图像，并使用对比度受限自适应直方图均衡化器（CLAHE）对灰度图像进行局部直方图均衡化，从而获得增强了局部细节的图像。最后将处理后的图像保存在 part_equalizeHistName 路径下，并使用 cv2.imshow() 函数显示图像。

```python
import cv2
#定义一个对图像进行局部直方图均衡化的函数
def get_part_equalizeHist(img, imgname, part_equalizeHistName):
    #将输入图像转换为灰度图像
    gray=cv2.cvtColor(img, cv2.COLOR_BGR2GRAY)
    #创建对比度受限自适应直方图均衡化器,tileGridSize 为均衡化操作的窗口大小
    clahe=cv2.createCLAHE(clipLimit=5, tileGridSize=(7, 7))
    #对灰度图像进行局部直方图均衡化操作
    dst=clahe.apply(gray)
    #将处理后的图像保存在 part_equalizeHistName 路径下
    cv2.imwrite(part_equalizeHistName, dst)
    cv2.imshow(part_equalizeHistName, dst)
```

```python
#测试例
if __name__=='__main__':
    #读取图像
    img=cv2.imread('test.jpg')
    #对图像进行局部均衡化
    get_part_equalizeHist(img, 'gray.jpg', 'part_equalizeHist.jpg')
    cv2.waitKey(0)
    print('Local histogram equalization saved successfully.')
```

ex12-5：在图像处理中，二值化是一种常用的处理方法，它可以将图像转换成只有黑白两种颜色的二值图像，从而使图像的特定细节更加突出，而且方便后续的图像定位、特征提取等工作。

这段代码导入了 cv2 和 numpy 两个库，并创建了一个名为 image_segmentation 的函数。该函数包含了图像二值化的主要过程，具体包括将 RGB 彩色图像转化为灰度图像、计算灰度图像的直方图、计算灰度图像的阈值、对灰度图像进行二值化以及保存二值图像等步骤。其中，计算灰度图像的阈值是以直方图的形式进行的。

```python
import cv2
import numpy as np
#将图像二值化并保存二值图像
def image_segmentation(img, img_name, img_segmentation):
    #将 RGB 彩色图像转换为灰度图像
    gray=cv2.cvtColor(img, cv2.COLOR_BGR2GRAY)
    #计算灰度图像的直方图
    hist=cv2.calcHist([gray], [0], None, [256], [0, 256])
    #计算灰度图像的阈值
    sum_val=0
    maximum=0
    threshold=0
    for i in range(len(hist)):
        sum_val+=hist[i]
        if hist[i] > maximum:
            maximum=hist[i]
        if sum_val > gray.size/2:
            threshold=i
            break
    #对灰度图像进行二值化
    binary=np.zeros(gray.shape, np.uint8)
    for i in range(gray.shape[0]):
        for j in range(gray.shape[1]):
            if gray[i, j] > threshold:
                binary[i, j]=255
    #保存二值图像
    cv2.imwrite(img_segmentation, binary)
```

```python
#测试例
if __name__ == '__main__':
    #读取图像
    img = cv2.imread('test.jpg')
    #对图像进行简单分割
    image_segmentation(img, 'test.jpg', 'segmentation.png')
    print('Image segmentation saved successfully.')
    #显示原始图像和二值图像
    cv2.imshow('Original Image', img)
    cv2.imshow('Segmentation Image', cv2.imread('segmentation.png', cv2.IMREAD_GRAYSCALE))
    cv2.waitKey(0)
    cv2.destroyAllWindows()
```

ex12-6：在图像处理中，直方图相似度是一种常用的比较两幅图像相似度的方法。该方法基于两幅图像的直方图数据，计算并比较它们之间的相似度，从而判断两幅图像的相似程度。

这段代码通过导入 cv2 库，并创建了一个名为 compare_hist 的函数用于进行图像的直方图相似度比较，具体实现步骤如下：先将两幅图像转换为灰度图像，然后计算各自的直方图并归一化，最后使用 cv2.compareHist() 函数计算两幅图像直方图的相似度，返回相似度结果。

```python
import cv2
#将两幅图像进行直方图相似度比较
def compare_hist(img1, img2):
    #将图像转换为灰度图像
    gray1 = cv2.cvtColor(img1, cv2.COLOR_BGR2GRAY)
    gray2 = cv2.cvtColor(img2, cv2.COLOR_BGR2GRAY)
    #计算直方图
    hist1 = cv2.calcHist([gray1], [0], None, [256], [0, 256])
    hist2 = cv2.calcHist([gray2], [0], None, [256], [0, 256])
    #归一化直方图
    hist1 = cv2.normalize(hist1, hist1, 0, 1, cv2.NORM_MINMAX, -1)
    hist2 = cv2.normalize(hist2, hist2, 0, 1, cv2.NORM_MINMAX, -1)
    #计算两幅图像直方图的相似度
    similarity = cv2.compareHist(hist1, hist2, cv2.HISTCMP_CORREL)
    return similarity
#测试例
if __name__ == '__main__':
    #读取图像
    img1 = cv2.imread('test1.jpg')
    img2 = cv2.imread('test2.jpg')
    #将两幅图像进行直方图相似度比较
    similarity = compare_hist(img1, img2)
    print('Histogram similarity: {:.2f}%'.format(similarity * 100))
```

(3)案例代码的运行结果。

ex12-1 的运行结果如图 12-2 所示。

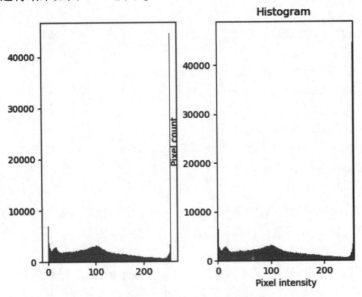

图 12-2　ex12-1 的运行结果

ex12-2 的运行结果如图 12-3 所示。

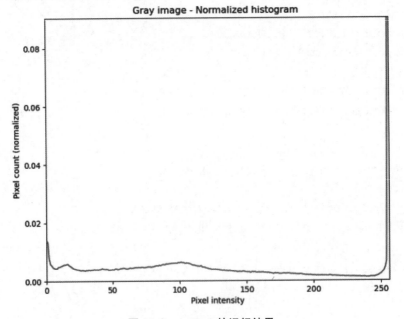

图 12-3　ex12-2 的运行结果

ex12-3 的运行结果如图 12-4 所示。

第12章 直方图综合应用

图 12-4　ex12-3 的运行结果

ex12-4 的运行结果如图 12-5 所示。

图 12-5　ex12-4 的运行结果

ex12-5 的运行结果如图 12-6 所示。

图 12-6　ex12-5 运行结果

ex12-6 的运行结果如下。

Histogram similarity: 75.60%

## 本章小结

数字图像处理中,直方图是一种非常具有表现力的统计图表,它可以反映图像中像素亮度分布的情况。直方图在图像分析和处理中发挥着不可替代的作用,因为它包含了图像中各种亮度像素的数量或占比等重要信息。直方图的处理方法有归一化、均衡化和规定化等,这些方法可以通过 Python 的 numpy、matplotlib 和 opencv 等库函数进行实现,使我们能够更加直观地理解图像的特点,并获得更好的图片质量。此外,直方图在二值化和直方图相似度比较等方面的应用也是不可忽略的。希望通过本章的学习,读者能够更好地掌握直方图的相关知识和应用,为数字图像处理领域的深入研究提供一定的启示。

## 本章习题

1. 直方图的作用是什么?(　　)

A. 反映图像中像素亮度分布的情况

B. 反映图像中每个像素的位置分布情况

C. 反映图像中每个像素的颜色分布情况

D. 反映图像中每个像素的大小分布情况

2. 直方图的均衡化方法是什么?(　　)

A. 使图像像素亮度值分布变得更加平均

B. 对图像亮度统计直方图进行变换

C. 直接将图像像素值进行缩放

D. 对图像像素进行加权平均

3. 在 Python 中,绘制图像直方图的库函数是什么?(　　)

A. cv2.imshow( )　　　　　　　　B. cv2.plot( )

C. cv2.hist( )　　　　　　　　　D. cv2.calcHist( )

4. 直方图相似度比较用于什么方面?(　　)

A. 计算图像亮度值分布的相似度　　B. 判断两幅图像的相似度

C. 比较图像宽、高的相似度　　　　D. 判断图像的清晰度

5. 直方图均衡化的主要作用是将输入图像的像素在_____做一个拉伸或压缩,让图像的像素值更加均匀地分布在像素值范围内。

6. 在 Python 的 opencv 中,使用_____函数可以绘制图像直方图。

7. 直方图在数字图像处理中有什么作用?请简述直方图均衡化的原理。

8. 请简述图像分割的概念和实现方法。

9. 数字图像处理中的二值化方法有哪些?请简述它们的原理。

## 习题答案

1. A  2. A  3. D  4. A

5. 像素值范围

6. cv2.calcHist( )

7. 直方图在数字图像处理中的作用是描述图像中各个灰度级所占的数量或占比等信息。直方图均衡化的原理是通过映射函数将原始图像的像素值均衡映射到新直方图中，使直方图分布近似均匀，从而增强图像的对比度和清晰度。

8. 图像分割是将一幅图像划分成多个互不重叠的区域，并在每个区域内提取出具有一定意义的目标或景物的过程。图像为割的实现方法有基于灰度、颜色、纹理、形状等特征的阈值分割，区域生长，聚类分割，边缘检测等方法。

9. 数字图像处理中的二值化方法包括全局阈值法、局部阈值法和自适应阈值法等。全局阈值法通过确定一个全局阈值将灰度图像转换为二值图像。局部阈值法和自适应阈值法则是根据图像的局部特性选择相应的阈值处理图像，以提高其质量。

# 参 考 文 献

[1] 冈萨雷斯. 现代数字图像处理[M]. 孙洪, 译. 北京: 电子工业出版社, 2021.

[2] HUANG K Q, WANG Q, WU Z Y, et al. Multi-scale color image enhancement algorithm based on human visual system [J]. Journal of image and graphics, 2003, 8A(11): 1242-1247.

[3] 赵春燕, 郑永果, 王向葵. 基于直方图的图像模糊增强算法[J]. 计算机工程, 2005, 31(12): 185-186+220.

[4] 刘惠燕, 何文章, 马云飞. 基于数学形态学的雾天图像增强算法[J]. 天津工程师范学院学报, 2009(3): 34-35+56.

[5] JEBADASS J R, BALASUBRAMANIAM P. Low light enhancement algorithm for color images using intuitionistic fuzzy sets with histogram equalization[J]. Multimedia Tools and Applications, 2022, 81(6): 8093-8106.

[6] ZHOU S M, GAN J Q, XU L D, et al. Interactive image enhancement by fuzzy relaxation [J]. International journal of automation and computing, 2007, 4(3): 229-235.

[7] MIR A. H. Fuzzy entropy based interactive enhancement of radiographic images [J]. Journal of medical engineering and technology, 2007, 31(3): 220-231.

[8] TAN K, OAKLEY J P. Enhancement of color images in poor visibility conditions[C]//Proceedings of IEEE international conference on image processing. vancouver, canada: IEEE press, 2000, 788-791.

[9] TAN R I, PETTERSSON N, PETERSON L. Visibility enhancement for roads with foggy or hazy scenes [C]//IEEE intelligent vehicles symposium. Istanbul Turkey: IEEE Press, 2007: 19-24.

[10] 黄杉. 数字图像处理: 基于OpenCV-Python[M]. 北京: 电子工业出版社, 2023.

[11] ZHANG J, LI C, RAHAMAN M M, et al. A comprehensive review of image analysis methods for microorganism counting: from classical image processing to deep learning approaches[J]. Artificial intelligence review, 2022: 1-70.

[12] KIM Y J, JANG H, LEE K, et al. PAIP 2019: Liver cancer segmentation challenge[J]. Medical image analysis, 2021, 67: 101-854.

[13] 王小科. Python GUI 设计: PyQt5 从入门到实践[M]. 长春: 吉林大学出版社, 2020.